DESIGNERS' GUIDES TO THE EUROCODES

eurocodes expert
an ice initiative

내화구조설계 가이드북

Structural Fire Engineering Design Guidebook

(사)한국강구조학회

thomas telford

도서출판 구미서관

■■■ STRUCTURAL FIRE ENGINEERING DESIGN GUIDEBOOK ■■■

서문

PREFACE

많은 구조 엔지니어는 내화구조설계(structural fire engineering design)의 원칙에 익숙하지 않을 것이다. 최근 들어 많은 전문 컨설턴트가 화재공학 해결책을 제공하기 시작했는데, 이러한 해결책은 주로 화재공학 설계 접근법을 채택함으로써 얻을 수 있는 잠재적 이득이 고객의 추가 설계비용을 초과하는 대형 프로젝트의 경우이다. 내화구조설계의 원칙에 대한 근본적인 이해가 쉽지 않다. 실제로 구조 유로코드(Structural Eurocodes)의 화재 부분에 제시된 것과 같이 설계 방법론은 상온 설계에 채택된 원칙을 기반으로 한다. 이 책의 목적 중 하나는 상온 조건에 대한 설계의 기본 원칙과 가정에 익숙한 구조 엔지니어가 쉽게 이해하고 사용할 수 있도록 주제를 명확히 하는 것이다.

이 책은 하나의 설계 표준에만 관련이 있지 않다는 점에서 여러 다른 유로코드(Eurocode) 안내서와는 다르다. 강구조 설계에 대한 영국 표준(UK standard)은 구조용 강구조와 합성 철골 및 콘크리트 구조 모두에 대한 설계 규칙(design rules)을 포함한다. 철근 및 프리스트레스 콘크리트 구조물에 대한 내화설계 절차는 국가 기준(National Code)의 관련 부분에 수록되어 있다. 그러나 구조 유로코드는 철골, 합성 및 콘크리트 구조물을 별개로 고려해서 각 재료에는 그에 상응하는 내화 부분을 포함하고 있다. 이 경우에 재료 기준의 내화 부분을 조항별로 검토하는 것은 설계자들이 해당 표준을 사용하기에 충분하지 않을 수 있다. 유로코드에서 정한 구조공학 원칙을 적용하기 전에 하중의 특성을 먼저 이해해야 한다. 이러한 이유로 이 책은 네 가지 별개의 표준, 즉, EN 1991 Part 1.2, EN 1992 Part 1.2, EN 1993 Part 1.2와 EN 1994 Part 1.2에 대한 안내서이며, 설계의 기본을 다루는 유로코드인 EN 1990을 참조로 한다.

발 간 사

PREFACE

신은 좋은 것을 모두 주시지 않습니다. 주어진 것에 감사하고 모자라는 것을 극복하려는 노력이 과학과 공학의 발전의 동기가 되었습니다. 인간의 역사는 문제점을 극복하는 순간순간의 노력으로 발전되어 왔습니다. 철은 인간이 가장 많이 사용하는 금속 중의 하나이고 인류에게 없어서는 안되는 금속입니다. 철은 지구상에서 구하기 쉽고 강하고 질긴 성질을 갖고 있습니다. 인간은 철을 이용하여 문명을 이룩했고 철을 잘 다룬 사람들이 그렇지 못한 사람들을 지배한 시절도 있었습니다. 그러나 철은 불에 의지해서 탄생하므로 불에 약한 약점을 갖고 있습니다.

강재는 구조물의 가장 중요한 뼈대의 재료이지만 불에 취약한 약점을 갖고 있습니다. 강재를 불로부터 보호하기 위해서 내화설계방법이 여러 나라에서 제시되고 있습니다. 안타깝게도 국내에서는 내화설계에 대한 지침이 아직까지 개발되어 있지 않습니다. 내화피복의 기준만 제시되어 있어서 1시간 내화, 2시간 내화, 3시간 내화로 강재를 화재로부터 보호하는 정도의 기준만 제시되어 있습니다. 아직까지 정립되어 있지 않은 국내의 현실로 인해, 내화설계 선진국들의 내화설계지침을 번역하여 설계자들에게 정보를 제공하고 내화설계를 위한 아이디어를 제시할 필요가 있어서 본 번역서가 출판되었습니다.

본 번역본은 유럽에서 사용되는 EN1991-1-2 총칙, EN1992-1-2 콘크리트 내화설계, EN1993-1-2 강구조 내화설계, EN1994-1-2 강합성콘크리트 내화설계 등으로 한정되어 있습니다. 한국강구조학회의 상치위원회인 내화구조위원회의 노력으로 본 번역서를 출판하게 되었습니다. 번역본이기 때문에 원문에 충실하게 번역되어 하중계수, 강도감소계수, 부분안전계수, 기호표기방법 등이 국내의 KDS 41 30 00 건축물 강구조 설계기준과 다르게 되어 있어서 엔지니어에게는 좀 익숙하지 않을 수 있습니다. 그러나 수록된 예제를 따라해 보시면 내화설계의 개념을 이해하는 데는 도움이 될 것으로 기대합니다.

어려운 여건에서도 본 번역서를 발간하도록 수고하신 한국강구조학회의 내화구조위원회의 최성모 위원장님, 염경수 소장님, 김성배 소장님, 여인환 소장님, 옥치열 센터장님, 민정기 박사님, 최인락 교수님, 안재권 박사님, 이승재 박사님 및 김선희 박사님께 깊은 감사를 드립니다. 이러한 번역서를 통해서 선진국의 내화설계기술을 벤치마킹하고 국내의 실정에 맞는 내화설계기준을 개발하는데 도움이 될 것으로 기대합니다.

한국강구조학회 회장 **신 경 재**

역자 서문

PREFACE

국내에서는 2006년 성능기반 내화설계가 법제화한 이후 KBC 2016에서 화재하중에 대한 하중조합이 도입되고 다양한 연구가 이루어지고 있으나 아직까지 내화설계를 위한 구체적인 방법에 대해서는 정립이 되지 못하고 있는 실정입니다.
내화구조설계는 화재로 인한 인명안전 및 재산보호를 목적으로 합리적이고 과학적인 방법을 통해 건축물의 성능을 검증하고 안전성을 확보하는 방법으로 이미 선진국에서는 다양한 건축물에 내화설계가 적용되어 건축 트렌드의 변화에 빠르게 대처하여 화재안전성을 확보하고 있습니다.
그동안 한국강구조학회 내화구조위원회는 국내에 내화구조설계의 도입을 위해 다양한 활동을 수행하였으며, 그 활동의 일환으로 현재 유럽에서 활발하게 사용되고 있는 유로코드 내화설계에 대한 가이드북을 번역하여 소개하게 되었습니다.
본 역서는 유로코드 내화설계의 설계방법에서부터 설계화재, 부재 온도, 하중 및 고온에서의 재료특성에 이르기까지 내화설계를 수행하기 위한 기초지식을 담고 있습니다. 또한, 인장재, 압축재, 휨부재, 슬래브 및 접합부에 대한 설계방법 및 예제를 포함하여 내화구조설계에 관심이 있는 대학원생, 구조엔지니어, 시공기술자들이 이해하기 쉽도록 구성되었습니다.
국내에 내화구조설계 방법에 대한 참고서적이 부족한 실정에서 미흡하나마 본 역서가 내화구조설계에 대한 이해를 넓히고 활용하는데 도움이 될 수 있기를 기대합니다.
본 『내화구조설계 가이드북』 발간을 위하여 수고하신 내화구조위원회 위원 여러분과 어려운 여건에도 번역서 발간에 흔쾌히 수락해 주시고 편집 및 교정작업에 정성을 다한 도서출판 구미서관 임해진 대표님과 물심양면으로 성원해 주신 한국강구조학회 신경재 회장님을 비롯한 여러분들께 감사드립니다.

한국강구조학회 내화구조위원회 위원장 **최 성 모**

한국강구조학회 내화구조위원회 위 원 **민 정 기**

차례

CONTENTS

제1장 개요

제2장 설계 방법

제3장 설계 화재

차례

CONTENTS

제6장 재료의 열적 특성과 기계적 성질

제7장 인장재 설계

제8장 압축재 설계

제9장 휨부재 설계

제10장 슬래브 설계

제11장 다른 형태의 구조물

차례

CONTENTS

CHAPTER

01 개요

내화구조설계 가이드북

STRUCTURAL
FIRE ENGINEERING
DESIGN
GUIDEBOOK

01
CHAPTER

개요

1.1 본 안내서에 대한 개요

본 안내서(handbook)를 작성하는 데 있어서, 저자들은 많은 설계자가 내화구조설계(structural fire engineering design)의 원칙에 익숙하지 않을 것이라 인식하고 있었다. 최근 들어, 화재공학 설계 접근법을 도입하여 얻을 수 있는 잠재적인 이익이 고객이 부담해야 하는 추가 설계비용을 초과하는 대형 프로젝트에 대해 화재공학 해결책을 제시하는 수많은 전문 컨설턴트가 나타나고 있다. 그 주제는 미스터리에 싸여 있으며, 수많은 엔지니어는 이를 마술이라 여기고 있다. 이 책의 목적 중 하나는 이 주제를 이해하기 쉽게 설명하여 상온 설계의 근본 원칙과 가정에 익숙한 구조 엔지니어가 쉽게 이해하고 사용할 수 있도록 하는 것이다.

이 책은 하나의 설계 표준에만 관련이 있지 않다는 점에서 여러 다른 유로코드(Eurocode) 안내서와는 다르다. 강구조 설계에 대한 영국 표준(UK standard)은 다양한 부재에 관한 것이기는 하지만, 강구조에 대한 설계 규칙(design rules) 및 합성 철골 및 콘크리트 구조물에 대한 설계 규칙을 포함한다.[1–3] 철근 및 프리스트레스트 콘크리트 구조물에 대한 내화설계 절차(fire design procedures)는 국가 기준(National Code)의 관련 부분인 BS 8110에 포함되어 있다.[4,5] 그러나 구조 유로코드는 철골, 합성 및 콘크리트 구조물을 별개로 고려해서 각 재료에는 그에 상응하는 내화 부분을 포함하고 있다. 이 경우에, 재료 기준의 내화 부분을 조항별로 검토하는 것은 설계자들이 해당 표준을 사용하기에 충분하지 않을 수 있다. 유로코드에서 정한 구조공학 원칙을 적용하기

전에 하중의 특성을 먼저 이해해야 한다. 이러한 이유로, 이 책은 네 가지 별개의 표준, 즉, EN 1991 Part 1.2, EN 1992 Part 1.2, EN 1993 Part 1.2, EN 1994 Part 1.2에 대한 안내서이며, 설계의 기본을 다루는 유로코드인 EN 1990을 참조로 한다.[6]
이 안내서는 일반적인 범위의 구조부재와 조립체에 대한 설계 해법을 얻는데 필요한 절차를 소개하는 형식을 취할 것이다. 구체적인 설계 시나리오에 대한 유로코드의 사용을 자세히 설명하기 위해서 본문에 예제풀이(worked examples)를 포함할 것이다. 내화구조설계의 기본 원칙에 익숙하지 않은 이들을 위해 상황을 설명하는 방법으로 다음 절에서는 영국에서 규정을 준수하도록 보장하기 위해 일반적으로 사용하는 방법에 대한 설명 및 규범적 체계의 틀에 대한 개요를 제시한다.

1.2 내화구조설계의 개요

영국에서 건물에 대한 내화 요구사항은 잉글랜드와 웨일스[7]에 대해서는 건축법(Building Regulations)에서 명시하고 있으며, 지역적 차이로 인하여 스코틀랜드[8]와 북아일랜드[9]에서는 별개의 문서에서 포함하고 있다. 모든 건물은 법규에서 규정하는 바와 같이 피난 방법, 내부화재 확산, 외부화재 확산 및 소방대의 접근 및 시설을 포함하는 특정한 기능적 요구사항을 준수해야 한다. 건축법은 오직 건물 안과 건물 주변에 있는 사람들의 건강과 안전에 대한 합리적인 기준을 보장할 목적임에 주의할 필요가 있다. 건축법은 이러한 목표 달성 이외에, 구조적인 피해를 제한하기 위해서 정하는 것이 아니며, 화재로 인해 발생하는 재정적 손실을 최소화할 목적으로 설계하는 것도 아니다. 이는 고객의 요구에 부응하기에 법규의 요구사항이 충분하지 않을 수 있는 건물의 화재공학 설계에 대해 중요한 시사점을 갖는다.
이와 같은 목적을 위해서, 가장 중요한 요구사항은 구조부재와 관련이 있는 내부화재 확산을 다루고 있으며, 다음과 같이 명시한다:[7]

> 건물은 화재가 발생할 경우, 합리적인 기간 동안 건물의 안정성을 유지할 수 있도록 설계되고 시공되어야 한다.

승인 문서(Approved Document)는 기능적 요구사항의 준수를 증명하는 방법에 대한 세부적인 지침을 제공하고 있다. 그러나 이는 지침이 아니라 의무적인 요구사항임을 강조할 필요가 있다. 이는 대안(alternative approaches)으로 요구사항을 충족할 수 있도록 하며, 승인 기관(regulatory authorities)과 협력하여 개발할 수 있다. 일반적으로, 법의 준수를 증명하는 가장 일반적인 방법은 승인 문서의 지침을 따르는 것이었다. 유로코드의 개발은 성능에 기반한 계산을 통하여 규범적인 요구사항을 만족하는 대체할 수 있는 방법을 제시한다.

강재 및 콘크리트 부재에서 온도가 증가함에 따라 강도와 강성은 모두 감소하며, 이러한 감소는 특히 400℃와 700℃ 사이에서 두드러진다. 화재 조건에서 강구조물을 '설계하는' 가장 일반적인 방법은 상온(ambient temperature) 하중 조건에 대해 건물을 설계하고 나서 특정 온도를 초과하지 않도록, 또는, 바꿔 말하면, 상온 하중 능력의 규정된 비율을 유지하도록 적절한 전용 내화피복재료(proprietary fire protection materials)로 강재를 보호하는 것이다. 콘크리트 구조물에서 요구되는 내화성능은 최소 치수 및 철근의 최소 피복에 대해 설계표 값을 참고해서 만족할 수 있다. 콘크리트 구조물의 경우, 상온 조건과 내구성에 대해서 채택하는 치수는 보통 요구되는 내화성능을 만족하는데 충분할 것이다.

건물이 합리적인 기간 동안 안정성을 유지할 수 있도록 하는 요구사항은 전통적으로 표준화재시험에서 견디기 위해 요구되는 시간과 관련이 있다. 표준화재시험의 자세한 문제점과 이점은 본 안내서의 3.3절에서 설명한다. 승인문서에 대해 본 안내서에 포함된 내화 요구사항은 내화 시간과 직접 관련이 있으며, 때때로 내화시험에서의 생존과 실제 화재에서의 생존 사이에 일대일 관계가 있을 거라는 잘못된 가정을 하기도 한다. 분명히 그러한 것은 아니다. 실제 화재는 방화구획(fire enclosure)의 특정한 특징에 따라 표준화재곡선보다 (시간 또는 온도 영역에 있어) 다소 더 심각할 수 있다. 전통적인 설계기준은 내화성이 특정 목적의 집단에 속하는 건물의 평가에 기반하여 법규에서 요구하는 시간보다 더 큰 것으로 본다. 내화성은 세 가지 파괴 기준과 관련하여 정의된다. 차열성(insulation), 차염성(integrity)과 하중지지 능력(load-bearing capacity)이다. 이러한 용어들은 3장에서 더 자세히 설명할 것이다. 이는 대다수 건물을 설계하는 방법이다. 법규의 사양적 성격으로 인해 화재에 대비한 건물 설계에 대한 더 합리적인 접근법의 발달을 방해하고 있다.

앞서 언급했듯이, 강구조 건물의 내화성을 명시한 기간 동안 유지하기 위한 전통적인 방법은 구조부재에 수동적인 내화피복을 적용하는 것이다. 이러한 수동적인 내화피복은 콘크리트 또는 벽돌과 같은 기존의 건축재료의 형태일 수 있다. 1970년대 후반까지, 콘크리트는 구조용 강재에 대한 가장 일반적인 내화피복 형태였다. 그러나 이러한 형태의 내화피복은 비용이 많이 들고, 화재 시 폭렬(spalling)의 문제 때문에 대체할 수 있는 방법을 개발하기에 이르렀다. 스프레이 형식 또는 보드 내화피복, 또는 두 가지를 일부 결합한 형태의 피복이 더욱 자주 제시되고 있다. 좀 더 전통적인 방법으로 내화도료(intumescent coating)가 선호되기도 한다. 매달린 천장으로 인하여 바닥 아래쪽을 볼 수 없는 형태와 같은 철골 구조를 볼 수 없는 경우에 스프레이 시스템이 인기가 있다. 보드 내화피복은 피복을 노출하여 두는 경우에 선호한다. 현대적인 강구조 사무실의 경우, 가장 일반적인 형태의 피복 방법은 보(beam)에 스프레이를 분사하고 기둥(column)을 보드와 함께 보호하는 것이다. 일반적으로 사용하는 내화피복재료에 대한 유용한 정보는 전문 방화 협회(Association for Specialist Fire Protection) 및 영국 강구조협회(Steel Construction Institute, SCI)에서 공동으로 출간한 'The Yellow Book'[11]에서 찾을 수 있다. 'The Yellow Book'은 규정된 내화시간 동안 내화피복재료의 두께에 대한 정보를 제공한다.

화재 시 강구조물에 대한 설계 방법론에서 주요한 변화는 1990년 BS 5950 part 8[12]의 출판과 함께 나타났다(그 후 2003년에 개정되었다[13]). 비록 이 기준은 여전히 표준화재 시험에서 구조용 강재와 합성 부재의 성능 평가에 기반하지만, 이는 건축가와 엔지니어들이 계산에 따라 내화성을 설계하는 대안을 사용할 수 있도록 한다. 승인 문서와 달리 그 기준은 오직 화재의 확산을 제한하고 구조 붕괴의 위험을 최소화하는 일과 관련이 있다. 이는 강재에 대한 하나의 '파괴 온도(failure temperature)'는 없으며, 구조적 파괴는 온도뿐만 아니라, 하중 수준(load level), 지지 조건(support conditions) 및 부재를 통과하는 온도구배(thermal gradient)의 존재 등의 영향을 받음을 인정한다. 이 기준은 자연 화재(natural fires)를 고려할 수 있도록 하지만, 상세한 정보 또는 지침은 제공하지 않는다. 화재한계상태(fire limit state)에 특정하는 하중계수(load factors) 및 재료강도계수(material strength factors)를 제시한다. 이는 하중과 재료 특성의 확률론적 분포에 내재하는 불확실성을 다루는 부분안전계수(partial safety factors)이며, 화재가 발생할 때 동시에 과도한 하중이 존재할 수 있는 낮은 가능성을 인식하여 상온 설계로부터의 감소를 의미한다.

강구조물에 관해 규정된 내화성을 달성하는 가장 일반적인 방법은 수동적인 내화피복을 적용하는 것이다. 내화피복의 두께는 단면형상계수(section factor)를 고려하여 도출한다(H_p/A 또는 A_m/V). 단면형상계수는 화재가 발생한 동안 서로 다른 강재 단면이 다양한 속도로 가열되도록 하는 총 단면적에 대한 가열된 둘레길이의 비이다. 그리고 규정된 내화시간 및 단면형상계수에 대해 The Yellow Book을 참고하여 내화피복 두께를 선택하거나, 그렇지 않으면 BS 5950 part 8[13]의 부록 D에서 제시하는 공식에 따라 두께를 계산한다.

BS 5950 part 8에 포함되어 있는 계산 방법은 한계온도법(limiting temperature method)을 포함한다. 이것은 간단하지만 효과적인 방법으로 한계온도를 도출하기 위해서 하중비(load ratio)의 개념을 사용한다. 즉, 상온의 하중 능력(load capacity)에 대한 화재 시 전달되는 하중의 비이다. 그리고 설계 온도와 비교하여 수동적 피복의 필요성을 평가한다. 설계 온도는 시험을 통하거나 기준에서 발행한 설계표 데이터를 통해서 결정할 수 있다. 이 값이 감소하면 음영효과(shielding effects)를 설명하기 위해서 낮은 종횡(D/B)비를 가진 I 또는 H 단면의 사용이 허용된다. 한계온도법은 전단 하중이 높은 보에는 적용할 수 없음을 유념해야 한다. 이 방법은 화재한계상태에 대해 감소된 하중계수를 사용한다.

대체할 수 있는 선택은 모멘트 내력법(moment capacity method)을 사용하는 것이다. 이 방법은 좀 더 세장한 단면에는 사용할 수 없다. 이 방법은 널리 사용되지 않는데, 보의 온도형상(temperature profile)에 대한 지식이 필요하기 때문이다. 모멘트 내력법은 사용된 관련 강도감소계수와 함께 중요 부재에 대해 알려진 온도에 기반한다. 모멘트 내력법이 화재한계상태에서 적용한 값을 초과하지 않을 경우에 보는 피복할 필요가 없다.

합성 슬래브는 임계 치수 및 온도 데이터에 대한 간단한 검색표의 활용을 통해서 기준에 포함되어 있으며, 이는 더 비용이 많이 드는 화재공학 해석에 포함될 수 있다. 기준의 원래 버전에는 유용한 흐름도가 포함되어 있으며, 이용할 수 있는 옵션과 절차를 요약하고 있다. 하지만, 이것은 2003년 개정을 통해서 삭제되었다.

SCI는 기준과 함께 사용할 정보 전달용 안내서[14]를 작성하였다. 이는 한계온도 및 모멘트 내력법의 계산 방법을 다루는 별개의 장과 함께 일반적으로 사용하는 단면에 대한 단면형상계수(section factors)의 설계표 값을 포함한다. 또한, 기준의 활용을 설명하는 설계 예제도 제공한다.

콘크리트 구조물에 대한 내화 규정은 BS 8110 part 2[5]에 포함되어 있으며, 표준시험 결과에 기반한다[15]. 현재 BS 8110의 기준 규정(code provision)은 내화 구조부재의 건축지침(Guidelines for the Construction of Fire Resisting Structural Elements)[10]에서 출판한 데이터를 참조하며 보통 중량 또는 경량 콘크리트를 사용하는지에 따라 다양한 요구사항을 포함하고 있으며, 보와 바닥에 대해서는 내화성에 대해서 연속성

(continuity)의 이점을 인식하고 있다. 최소 치수 및 최소 피복에 대해 설계표 규정은 비노출 면에서 온도 상승을 제한할 필요성, 그리고 합리적인 시간 동안 안정성을 유지할 필요성에 기반한다. 이는 노출되지 않은 면에서 온도 상승을 평균온도 140℃로 제한하기에 충분한 콘크리트의 깊이, 그리고 철근의 온도 상승을 550℃(프리스트레싱 긴장재에 대해서는 450℃)로 제한하기에 충분한 피복을 제공함으로써 이룰 수 있다. 일반적으로 이러한 규정들은 실제 화재의 경험에 기반하여 용인 가능한 수준의 안전성을 주는 것으로 증명되었다. 구조 유로코드의 개발은 영국의 설계자들이 전체 건물의 거동 및 내재하는 연속성의 이점, 그리고 적절하게 상세화한 콘크리트 건물의 강건성(robustness)을 고려하여 실제 화재의 영향에 대해 콘크리트 구조물을 설계하기 위한 성능기반의 접근법을 채택할 수 있는 기회를 제공하였다.

유로코드의 내화 부분은 내화구조설계에 접근하는 새로운 방법을 정하였다. BS 5950 part 8에 익숙한 엔지니어들에게 EN 1993-1-2의 설계 절차는 상대적으로 익숙할 것이다. 그러나 간단한 검색표를 사용해서 화재에 대한 구조물의 설계에서 매우 간단한 사양적 접근법에 더 익숙한 콘크리트 설계자들에게 새로운 철학은 지나치게 복잡해 보일 수 있다. 그러나 유로코드의 내화설계 방법론은 설계자들이 그 주제에 대한 접근법에 있어서 훨씬 더 많은 유연성을 가질 수 있도록 한다. 이용할 수 있는 선택 범위는 표준화재를 받는 개별 부재의 거동을 간단히 고려하는 일에서부터 전체 건물의 해석과 연결하여 화재 발달에 영향을 미치는 물리적 변수를 고려하는 일까지 다양하다. 이용할 수 있는 선택 범위에 대해서는 2장에서 더 자세하게 논의한다. 이 다소 복잡한 과정은 화재모델의 특성화, 구조물 내에서 온도분포의 고려 및 화재에 대한 구조 반응의 평가로 구성된 3단계 절차로 효과적으로 단순화할 수 있다. 유럽의 시스템과 다른 점은 설계자가 요구하는 모든 정보는 더 이상 하나의 표준 안에서 이용할 수 없다는 점이다. 온도 해석을 위한 열하중(thermal actions)에 대한 정보는 EN 1991-1-2에서 가져올 수 있다. (피복되거나 피복되지 않은) 구조용 강재의 온도 상승을 계산하는 데 사용하는 방법은 EN 1993-1-2와 EN 1994-1-2에서 찾을 수 있다. 표준화재 노출을 받는 콘크리트 부재의 온도에 대한 값은 EN 1992-1-2에서 표로 작성되어 있다. 구조 내력을 정하는 설계 절차는 EN 1992, EN 1993과 EN 1994의 내화 부분에서 정하고 있지만, 평가를 위해 사용하는 작용 (또는 하중)은 EN 1991의 관련 부분에서 취한다. 다양한 유럽 표준 간의 단순화된 절차 및 관계는 2장에서 설명한다.

1.3 EN 1991 Part 1.2, EN 1992 Part 1.2, EN 1993 Part 1.2 및 EN 1994 Part 1.2의 범위

EN 1991-1-2[16]는 유로코드 1의 내화 부분이다. 이것은 다양한 재료 및 특수 상황에 대한 설계와 관련이 있는 유로코드 2에서 9까지의 내화 설계 부분과 함께 사용할 목적을 갖는다. 구조 유로코드의 특징과 범위에 대한 더 상세한 설명은 이 시리즈의 앞 권에서 찾을 수 있다[17]. EN 1991 Part 1.2는 건물의 구조설계와 토목공학에 대한 일반 원칙과 하중을 제공하며 오직 관련 구조 유로코드에 따라 수행된 상온 설계가 수행될 때에만 유효하다.

구조 해석을 위해 사용하는 온도-시간 곡선(기준에서 열하중)은 공칭 또는 물리적으로 기초한 화재모델일 수 있다. 전형적인 공칭 곡선은 내화성을 결정하는 데 사용하는 '표준' 시간-온도 반응(ISO 834[18], BS 476 Part 20[19], BS EN 1363-1[20])을 포함하거나 연안 및 석유 산업에서 사용하는 더 엄격한 탄화수소 곡선을 포함할 것이다. 더 자세한 정보는 3장 3.3절에서 제시한다. 물리적으로 기초한 자연화재 모델은 매개변수적 접근(parametric approach), 등가 시간법(time equivalent method) 및 존 모델 또는 필드 모델과 같은 상세계산(advanced calculations)을 포함한다. 더 자세한 정보는 3장에서 주어진다.

강구조물의 설계에 대한 구조 유로코드의 내화 부분인 EN 1993 Part 1.2[21]는 BS 5950 Part 8과 마찬가지로, 고온에서의 내력을 결정하기 위한 계산모델에서 사용해서 고온에서의 강재 특성에 대한 정보를 포함한다. 그러나 유럽과 국가 문서 사이에는 수많은 중요한 차이점이 있다.

EN 1993 Part 1.2는 독립형태의 문서가 아니다. 시간-온도 반응의 계산과 관련하여, 이 기준은 유로코드 1의 내화 부분과 연결하여 사용하도록 설계된다. EN 1993의 내화 부분은 특히 하중지지 기능을 참고하여 우연한 화재 노출 상황에 대한 강구조물의 설계를 다루며, 상온 설계와의 차이점을 확인하거나 상온 설계를 보완한다. 이는 오직 수동적인(능동의 반대 개념으로) 방화만을 다룬다. 냉간 압연된 부재 또한 EN 1993의 내화 부분에서 다루고 있다. 합성구조에 대해서는 여기에서 다루지 않지만, 합성구조 관련 규정인 EN 1994의 상응하는 내화 부분에서 다루고 있다. 영국의 실무에서는 강조점을 달리하고 있는데, 계산에 의한 설계는 선호하는 접근법으로 인정되며 대체할 수 있는 선택으로 시험결과에 기반한 설계를 제시한다는 점이 그것이다.

합성 철골 콘크리트 구조물에 대한 유로코드인 EN 1994-1-2[22]의 내화 부분은 그 범위에 있어 강재 기준의 상응하는 부분과 유사하다. 구조용 강재, 철근 및 콘크리트에 대해 고온에서의 재료 속성을 제시하고 있다(6장 참조). 다양한 합성보와 기둥에 대해 철근의 단면치수와 면적에 대한 데이터를 표로 작성하여 제시한다. 설계표 데이터의 사용은 표준화재 노출로 제한된다.

콘크리트 구조물에 대한 유로코드인 EN 1992 Part 1.2[23]의 내화 부분은 우연한 화재 노출 상황에 대한 콘크리트 구조물의 설계를 다루며, EN 1992의 주요 부분 및 하중을 위한 유로코드의 내화 부분[16]과 함께 사용하도록 의도한다. 이는 예정보다 이른 구조물의 붕괴를 피하고, 화재가 발생한 구획에서 화재의 확산을 제한하는 방법을 다룬다. 철근 및 프리스트레스트 콘크리트 기둥, (내력과 비내력) 벽, 인장 부재, 철근 및 프리스트레스 보와 철근 및 프리스트레스 슬래브에 대한 설계 방법과 설계표 데이터를 제시한다. EN 1992 Part 1.2는 외부 긴장재로 프리스트레스를 가한 구조물, 셀구조와 능동적인 화재예방(active fire protection)을 포함하지 않는다. 내화설계 표준은 고온에서 (보통강도, 경량 및 고강도) 콘크리트, 철근 및 PS 강재의 재료 속성에 대한 데이터를 제공한다(6장 참조). 이 문서에서 규정하는 콘크리트에 대한 열전도율은 EN 1994에서 상응하는 값과는 다르다는 점에 유념해야 한다. 그 이유는 제 6장에서 설명한다.

1.4 원칙(principles)과 적용규칙(application rules) 간의 구별

모든 유로코드와 마찬가지로 앞서 설명한 4개의 문서는 원칙과 적용 규칙을 뚜렷이 구별한다. 원칙은 대체할 수 없는 일반적인 설명이자 정의이다. 적용 규칙은 일반적으로 용인되는 방법이며, 원칙을 따르고 요구사항을 충족한다. 적용 규칙에 대해서는 대안을 사용할 수 있지만, 설계자는 선택한 대안이 최소한 동일한 수준의 신뢰성으로 원칙을 충족함을 증명해야 한다.

이 안내서를 읽는 독자들에게 익숙할 수 있는 문서와 비유를 하기 위해서 원칙은 승인문서 B의 기능적 요구사항과 비교할 수 있다. 적용 규칙은 요건 충족에 대해 제시되는 사양적 지침이라고 비추어 볼 수 있다. 설계자는 기능적 요구사항을 충족하는 대체 가능한 성능기반 해결책을 개발할 수 있지만, 그러한 대안은 최소한 사양적인 해결책만큼 신뢰할 만한 것임을 보여야 한다. 현재 국가 기준에 있는 절차는 수많은 경우에 유로코드의 원칙을 충족할 것이다.

1.5 국가 부속서(National annexes) 및 국가별 결정 변수(Nationally Determined Parameters)

유로코드를 시행하는 국가 기준은 국가 표제 페이지와 국가 서문으로 시작하여 국가 부속서(National Annex, NA)로 끝나서 CEN에서 발행한 대로(기술 부속서를 포함하여) 유로코드의 전문으로 구성된다. 국가 부속서는 오직 관련 국가에서 시공할 건물 및 토목공학 공사의 설계에 사용하는, 국가별 결정 변수(Nationally Determined Parameters, NDPs)라고 알려져 있는, 국가적 선택에 대해 유로코드에서 개방되어 있는 그러한 변수들에 대한 정보만을 포함하고 있다. 유로코드에서 권장하는 값과 (이용할 곳이 있는) 국가 부속서 값과 함께 국가적 선택이 허가되는 조항의 목록은 아래 표 1.1에 제시되어 있다. 유로코드의 ENV 버전에 익숙한 이들을 위해서 국가 부속서는 박스안 값에 대해 국가 적용 문서(National Application Document) 및 국가별 결정 변수(Nationally Determined Parameters)와 유사하다.

표 1.1 국가별 결정 변수의 요약. (비고: 본 안내서 작성 시기에, 이 문제 중 많은 부분이 마무리되지 않았다. 독자들은 BSI가 발행한 최종 국가 부속서를 참고하는 것이 좋다.)

조항	설명	권장 값	국가 부속서의 값
		EN 1991-1-2	
2.4(4)	내화시간	기술 부속서 F의 국가 규정	국가 규정 및 화재공학 접근법
3.1(10)	공칭 모델 또는 자연화재 모델의 선택	공칭 모델 또는 자연화재 모델	공칭 모델 또는 자연화재 모델
3.3.1.1(1)	약산화재모델 - 화재하중밀도의 계산	화재하중밀도의 계산에 대한 부속서 E	허용되는 약산모델 - BS 7974 PDI[25]에서 화재하중밀도
3.3.1.2(1)	구획 화재에서 내부 부재에 대한 가열 조건을 계산하는 절차	최소 화재하중밀도 및 환기조건	보완 정보에 따라 허가되는 매개변수 접근법(기술 부속서 A)의 사용
3.3.1.2(2)	구획 화재에서 외부 부재에 대한 가열 조건을 계산하는 절차	부속서 B의 사용	보완 정보에 따라 허가되는 부속서 B
3.3.1.3(1)	화재가 국부적으로 남아 있는 경우 가열 조건을 계산하는 절차	부속서 C의 사용	BS 7974 PDI에서 사용되는 대안 절차
3.3.2(1)	상세화재모델을 사용하여 화재하중밀도 및 열방출을 계산하는 절차	부속서 E를 사용하여 화재하중밀도와 열방출 계산	BS 7974에서 화재하중밀도 및 열방출
3.3.2(2)	상세화재모델의 선택	1구역, 2구역 또는 전산 유체역학(CFD) 모델의 사용	1구역, 2구역 또는 CFD 모델의 사용

4.2.2(2)	고려할 추가 하중의 형태	추가 하중의 선택	고려할 추가 하중 없음
4.3.1(2)	하중에 대한 조합 규칙	반영구적 (Quasi-permanent) 값 $\psi_{2,1}$ 권장	사용할 빈번한(Frequent) 값 $\psi_{1,1}$
		EN 1992-1-2	
2.1.3(2)	감소 구간(decay phase)에 대한 온도 상승	$\Delta\theta_1 = 200\text{K}$, $\Delta\theta_2 = 200\text{K}$	변경 없음
2.3(2)	부분계수 $\gamma_{M,fi}$	모든 재료에 대해 1.0 열적 및 역학적	변경 없음
3.2.3(5)	고온에서 철근의 응력-변형률 관계에 대한 변수	N 등급 또는 X 등급의 선택	N 등급
3.2.4(2)	고온에서 PS 강재의 응력-변형률 관계에 대한 변수	없음	A 등급
3.3.3(1)	열전도율	상한 및 하한 사이 값	하한
4.1(1)P	2.4.1(2)P를 충족하는 상세계산법의 사용	없음	적절히 검증한 상세계산법을 사용할 수 있음
4.5.1(2)	폭렬의 발생이 일어나지 않는 함수량 k% 미만의 값	3%	변경 없음
5.2(3)	설계표 데이터의 사용을 위한 참고 하중 수준 η_{fi}	0.7	변경 없음
5.3.1(1)	비가새 구조(unbraced structures)에 대한 설계표 데이터	없음	변경 없음
5.3.2(2)	e_{max} 의 값	0.15h (또는 b)	변경 없음
5.6.1(1)	웨브 두께	WA, WB 또는 WC 등급 선택	변경 없음
5.7.3(2)	연속 솔리드 슬래브에 대한 지점에서 회전 능력에 관한 추가 규칙	-	추가 규칙 없음
6.1(5)	고강도 콘크리트에 대한 고온에서 강도의 감소	C55/67 및 C60/75에 대해 표 6.1N의 1 등급 C70/85 및 C80/95에 대해 표 6.1N의 2 등급 C90/105에 대해 표 6.1N의 3 등급	보통 권장되는 등급을 사용해야 함 오직 만족스러운 실험 증거를 이용할 수 있을 때만 대체할 수 있는 값을 사용할 수 있음
6.2(2)	고강도 콘크리트의 폭렬 관리 방법	A, B, C 및 D 방법	한 가지 방법 또는 여러 방법을 혼합하여 사용할 수 있음
6.3.1(1)	고강도 콘크리트에 대한 열전도율	3.3.3항에서 제시하는 한도 내	상한
6.4.2.1(3)	계수 k의 값	1등급에 대해 1.1, 2등급에 대해 1.3	변경 없음
6.4.2.2(2)	계수 k_m 의 값	표 6.2N	변경 없음
		EN 1993-1-2	

2.3(1)	역학적 특성에 대한 부분계수 $\gamma_{M.fi}$	1.0	1.0
2.3(2)	열 특성에 대한 부분계수 $\gamma_{M.fi}$	1.0	1.0
2.4.2(3)	감소계수 η_{fi}	카테고리 E에 대해 0.65 또는 0.7	-
4.1(2)	내화설계 방법의 선택	약산, 상세계산, 시험	적합한 설계 방법이라면 무엇이든 허용된다.
4.2.3.6(1)	4등급 단면에 대한 임계온도의 선택 θ_{crit}	350℃	350℃
4.2.4(2)	탄소강에 대한 임계온도 $\theta_{a,cr}$	기준에 공식	영국의 경험에 기반하여 표 4.1의 개정 버전
		EN 1994-1-2	
1.1(16)	고강도 콘크리트 설계의 포함	EN 1992-1-2의 정보 사용	-
2.1.3(2)	감소 구간에 대한 온도 상승	$\Delta\theta_1 = 200\text{K}$, $\Delta\theta_2 = 200\text{K}$	-
2.3(1)	역학적 재료 특성의 설계값	모든 경우에 대해 1.0	EN 1992-1-2와 EN 1993-1-2에 대해 국가 부속서에서 수정할 수 있음
2.3(2)	열적 재료 특성에 대한 설계값	1.0	1.0
2.4.2(3)	감소계수 η_{fi}	카테고리 E에 대해 0.65 또는 0.7	하중 기준 및 설계 기반으로부터 부분계수에 의존적
3.3.2(9)	열전도율	상한과 하한 사이 값	-
4.1(1)	상세계산모델의 사용	적합한 설계 방법은 허가됨	적합한 설계 방법은 허가됨
4.3.5.1(10)	합성기둥의 좌굴 길이	중간층 기둥에 대해 0.5, 상부층에 대해 0.7	-

1.6 정의 및 기호

본 안내서에서 고려하는 4가지 유로코드에는 다수의 정의가 일반적이다. 연관된 기호 및 단위와 함께 가장 중요한 정의는 아래 표 1.2에서 요약한다. 유로코드의 용어들은 영국의 설계자들에게는 익숙하지 않을 것이다. 그러나 채택한 시스템은 유로코드 전체에 일반적이며, Θ (온도), a (철골), d (설계)와 같은 아래 첨자의 활용은 상대적으로 간단하다. 유로코드는 더 높은 버전의 기준에서 찾을 수 있는 정의는 보통 반복하지 않는 계층적 시스템을 운영하고 있다. 그러므로 더 일반적인 설계 용어 및 정의의 일부에 대해서 재료 기준의 주 버전(Part 1.1)을 참고할 필요가 있다. 또한, 일부 문서에서 서로 다른 용어가 동일한 의미를 주기도 한다. 예를 들어, 감소된 단면에 대한 정의(EN 1992-1-2)와 유효단면(EN 1994-1-2)에 대한 정의는 동일하다.

표 1.2 EN 1991-1-2, EN 1992-1-2, EN 1993-1-2와 EN 1994-1-2의 정의

변수/용어	정의	기호	단위
상세화재모델	질량 보존 및 에너지 보존에 기반한 설계 화재	–	–
축간 거리 (axis distance)	철근의 중심축과 콘크리트의 표면 사이의 거리	a	mm
단면형상계수의 박스값	단면에 대한 개념적 경계 박스의 노출된 표면적과 철골 부피 사이의 비	$(A_m/V)_b$	m^{-1}
탄소강	스테인리스강을 제외하고, EN 1993에서 언급하는 강재 등급	–	–
연소계수	연소계수는 연소 효율성을 의미하며, 완전 연소에 대해 1에서 완벽하게 억제된 연소에 대해 0까지의 범위를 갖는다.	m	–
전산유체역학 모델	화재모델은 구획의 모든 지점에서 열역학적 변수와 공기 역학적 변수를 주는 편미분 방정식을 수치해석적으로 풀 수 있다.	–	–
형상계수	표면 B에서 입사한 표면 A에 남는 발산하여 방사된 에너지의 일부	Φ	–
대류 열전달계수	부재의 관련 표면에 접하는 기체의 체적온도와 해당 부재의 온도 사이의 차이와 관련된 부재에 대류 열속	α_c	W/m^2K
철근의 임계온도	주어진 강재 응력 수준에서 화재 시 부재의 파괴가 발생할 것으로 예상되는 철근의 온도	$\theta_{s,cr}$	℃
구조용 철골 부재의 임계온도	주어진 하중 수준에 대해, 균일한 온도분포에 대해 구조용 철골 부재에서 파괴가 발생할 것으로 예상되는 온도	$\theta_{a,cr}$	℃
설계 화재	설계 목적을 위해 가정한 명시된 화재 발달	–	–
설계 화재하중밀도	화재 설계에서 열하중을 정하기 위해 고려하는 화재하중밀도. 그 값은 불확실성에 대한 허용량을 둔다.	$q_{f,d}$ 또는 $q_{t,d}$	MJ/m^2
설계 화재 시나리오	해석을 수행할 구체적인 화재 시나리오	–	–
유효 단면	유효 단면법에서 사용하는 내화구조설계에서 부재의 단면. 이는 제로 강도와 제로 강성을 가진 부분을 제거하여 얻는다.	–	–
유효 항복강도	주어진 온도에서, 강재의 응력-변형률 관계가 항복고원을 제공하기 위해 줄인 응력 수준	$f_{y,\theta}$	N/mm^2
방사율	표면의 흡수율과 동일하다. 즉, 주어진 표면이 흡수하는 방사열과 흑체면의 방사열의 비	ϵ	–
화재 노출의 등가 시간	실제 구획에서 실제 화재와 동일한 열 효과를 갖는 것으로 간주하는, 표준 시간-온도 곡선에 대한 노출 시간	$t_{e,d}$	분
외부화재곡선	건물 정면의 다양한 부분에서 화재에 노출될 수 있는 분리 외부 벽의 바깥쪽을 목적으로 하는 공칭	–	–

	시간-온도 곡선. 즉, 각각의 외부 벽 아래 또는 인접하여 위치한 구획 또는 각각의 방화구획 내부에서 직접 노출되는 벽		
외부 부재	건물 구획의 개구부를 통해 화재에 노출될 수 있는 건물 외부에 위치한 구조 부재	–	–
화재 활성화 위험	발화 가능성, 구획 면적의 기능 및 점유율을 고려하는 변수	–	–
방화구획	하나 또는 여러 층으로 확장되는, 건물 내 공간으로, 여러 부재를 분리하여 구획하여, 화재에 노출된 시간 동안 화재가 구획을 벗어나 확산하지 못하도록 방지하는 공간	–	–
화재하중	공간 내 모든 가연성 재료의 연소로 인해 방출되는 열에너지의 합계	$Q_{fi,k}$	MJ
화재하중밀도	바닥 면적 q_f 또는 개구부를 포함하는 총 구획의 표면적 q_t 와 관련된 단위면적당 화재하중	q_f, q_t	MJ/m^2
피복재료	내화성을 증가시킬 목적으로 구조 부재에 적용하는 재료 또는 재료의 조합	–	–
내화성	구조물 또는 구조 부재가 규정된 하중 수준 및 규정된 화재 노출과 규정된 시간에 대해 요구되는 기능(하중지지 기능 및/또는 화재 분리 기능)을 수행하기 위한 능력	R/E/I	분
화재 시나리오	시간에 따른 화재 과정의 정성적인 설명. 화재의 특징을 설명하고 다른 가능한 화재와 구별하는 핵심 사건을 인식한다. 이는 보통 발화 및 화재 성장 과정, 완전히 발달한 단계, 건물 환경과 함께 감소 단계, 그리고 화재 과정에 영향을 미치는 시스템을 정의한다.	–	–
방화벽	내화성과 구조 안정성을 위해 설계된, 두 공간(보통 두 개의 건물)을 분리하는 벽으로, 화재가 발생하고 벽의 한쪽 면에 구조물이 파괴되는 경우, 벽을 타고 넘어 불이 확산하지 않도록 하는 수평 하중에 대한 저항을 포함하기도 한다.	–	–
플래시오버	구획 내 모든 화재하중의 동시적인 발화	–	–
완전히 발달한 화재	규정한 공간 내에서 화재의 모든 연소할 수 있는 표면이 완전히 관여하는 상태	–	–
(화재에 대한) 전체 구조 해석	전체 구조물 또는 구조물 일부가 화재에 노출될 때, 전체 구조물의 해석. 구조물 전체에 걸쳐 간접적인 화재하중을 고려한다.	–	–
탄화수소 화재곡선	탄화수소 화재의 영향을 의미하는 공칭 시간-온도 곡선	–	–
간접적인 화재하중	열팽창에 의해 야기되는 내부 힘과 모멘트	다양함	다양함
차열성(I)	한쪽 면이 화재에 노출될 때, 건물 건축 부재가 노출되지 않은 면의 온도 상승을 규정된 수준 이하로 제한하는 능력	–	–
차염성(E)	한쪽 면이 화재에 노출될 때, 건물 건축 부재가 화염 및 뜨거운 기체가 통과하지 못하도록 하고,	–	–

	노출되지 않은 쪽에 화염이 발생하지 못하도록 하는 능력		
하중지지 기능(R)	구조물 또는 부재가 정의된 기준에 따라서 관련 화재 동안 규정된 하중을 유지하는 능력	–	–
국부화재	구획 내에서 화재하중의 제한된 면적만이 관여하는 화재	–	–
부재	적절한 경계 및 지지 조건으로, 분리된 것으로 간주하는 (보, 기둥, 벽, 트러스와 같은) 구조물의 기본적인 부분	–	–
(화재에 대한) 부재 해석	부재가 적절한 지지 및 경계조건으로 분리된 것으로 가정하는 화재에 노출된 구조 부재의 열적 및 역학적 해석. 온도구배로 인해 발생하는 것을 제외하고, 간접적인 화재하중은 고려하지 않는다.	–	–
순 열(유)속	부재가 분명히 흡수하는, 단위 시간 및 표면적 당 에너지	H_{net}	W/m^2
정상온도 설계	EN 1992에서 EN 1996까지, 그리고 EN 1999의 Parts 1.1에 따른 상온에 대한 극한한계상태 설계	–	–
1구역 모델	구획 내 동질의 기체 온도를 가정하는 곳의 화재모델	–	–
개구부 계수	구획 벽의 개구부 면적, 그러한 개구부의 높이, 그리고 구획 표면의 총면적에 따라 달라지는 환기량을 의미하는 계수	O	$m^{1/2}$
구조물의 일부분	적절한 지지 및 경계조건을 갖는 전체 구조물의 분리된 부분	–	–
피복층	내화성을 증가시킬 목적으로 구조물의 부재에 적용하는 재료 또는 재료의 조합	–	–
피복된 부재	화재로 인한 부재의 온도 상승을 감소시키기 위한 조치를 취한 부재	–	–
열방출률	시간의 함수로서 연소성 제품에 의해 방출되는 열(에너지)	Q	W
감소된 단면	감소 단면법에서 사용하는 내화구조설계에서 부재의 단면. 이는 가정된 0의 강도와 경도를 갖는 부분을 제거하여 잔류 단면에서 얻는다.	–	–
단면형상계수	철골 부재에 대해, 노출된 표면적과 철골의 부피 사이의 비. 완전히 피복된 부재에 대해, 노출된 피복재의 내부 표면적과 철골의 부피 사이의 비	A_m/V	$m^{1/2}$
분리 부재 (separating element)	방화구획의 외관의 일부를 형성하는 내력 또는 비내력 부재	–	–
분리 기능 (separating function)	분리 부재가 관련 화재 동안 노출된 표면을 넘어 화재의 확산 또는 발화를 방지하기 위한 능력	–	–
약산화재모델	구체적인 물리적 변수의 제한적인 적용 범위에 기반한 설계 화재	–	–
스테인리스강	EN 1993-1-4에서 언급하는 모든 강	–	–
표준 내화성	구조물 또는 구조물 일부가 규정된 시간 동안 규정된 하중조합에 대해 표준 시간-온도 곡선에	–	–

	따라 열에 노출되는 동안 요구되는 기능을 수행하기 위한 능력		
표준 시간-온도 곡선	EN 13501에서 정의하는 공칭 곡선으로, 구획 내 완전히 발달한 화재의 모델을 표현한다.	–	–
구조 부재	가새를 포함하여 구조물의 하중지지 부재	–	–
온도 해석	열하중의 기본(순 열속)과 부재 및 보호 표면의 열적 재료 특성에 기반하여 부재에서 온도 변화를 결정하는 절차	–	–
열하중	부재에 대한 순 열속으로 설명하는 구조물에 대한 하중	–	–
2구역 모델	구획 내 다양한 구역을 정의하는 화재모델. 상층, 하층, 화재 및 화재 기둥, 외부 기체 및 벽. 상층에서, 기체 온도는 균일한 것으로 가정한다.	–	–

CHAPTER 02

설계 방법

내화구조설계 가이드북

STRUCTURAL
FIRE ENGINEERING
DESIGN
GUIDEBOOK

02
CHAPTER

설계 방법

2.1 개요

영국에서 구조물의 내화성에 관한 건축법(Building Regulations)의 요구사항에 부합하는 전통적인 수단은 표준화재시험에서 성능과 관련한 설계표 데이터에 의존하는 것이었다. 유로코드는 설계자들을 위해서 표준내화시간 및 표 형식 데이터의 사용에 기반한 사양적 규정에서부터 자연화재 노출 및 전체 건물 거동에 기반한 계산 절차에 이르기까지 다양한 선택권을 제시한다. 이러한 방법 각각을 특정 형식의 건축과 함께 사용할 수 있는 정도는 화재에 있어 재료의 성능에 관한 지식수준, 그리고 적절하게 증명된 설계법의 이용 가능성에 따라 달라진다. 규정 요구사항의 준수를 위해 가능한 경로를 나타내는 화재한계상태에 대한 일반적인 설계 절차는 그림 2.1에서 요약한다.

표 2.1은 콘크리트 구조물에 대한 내화성을 입증하기 위해서 유로코드에서 이용할 수 있는 대체할 수 있는 방법을 요약한다. 전통적인 영국의 실무는 보통 매트릭스에서 가장 단순한 요소만을 고려한다.

복잡함의 측면에서 계층 구조는 설계표 데이터 뒤에 약산법을 따르고 상세계산법을 따른다. 설계자들은 설계표 접근법을 가장 먼저 다루어야 하며, 대다수 구조물에 적합해야 한다. 계산 방법은 특정 조건에서 성능을 증명하는 데 사용할 수 있으며, 특정 상황에서 상당한 경제성을 제공할 것이다. 상세계산법(보통 비선형 유한요소모델)은 구조물이 매우 복잡하고 국가 규정의 조항을 적용할 수 없을 때 사용할 수 있다. 그러한 구조물의 예시는 스포츠 경기장, 전시장 또는 공항 터미널 등이 있다.

구조설계에 대한 유로코드의 접근법은 수많은 영국의 엔지니어들에게는 익숙하지 않을 것이다. 그러나 채택된 접근법들 사이에는 다수의 유사점이 있다. 표준 설계 경로는 표준 화재시험과 관련하여 규정된 내화시간을 참고하는 설계표의 사용으로 남을 것이다. 접근법에 있어 가장 중요한 차이는 재료 기준에서 내화 부분의 활용에 제한하는 것이 아니라 확실하게 하는 것이다. 내화구조설계를 수행하는 데 요구되는 정보는 전통적으로 하나의 재료 기준 안에 있었다. 구조 유로코드는 설계 표준의 통합된 세트이며 그렇게 사용할 의도를 갖는다. 예를 들어, 콘크리트 구조물의 설계를 수행하기 위해서 국가 표준의 설계표 값을 사용하는 설계자는 단지 관련 국가 재료 기준을 참고하면 된다. 유로코드에 대해 유사한 설계에 있어 EN 1990에서 부분 계수, EN 1991-1에서 하중에 대한 정보, EN 1991-1-2에서 열 반응 및 역학적 반응에 대한 정보를 얻고 마지막으로 EN 1992-1-2에서 필요한 치수를 얻을 필요가 있다. 유로코드에서 채택하고 있는 내화 설계 방법론이 보통 영국에서 사용하는 절차와 상당히 다를지라도, 여러 경우에서 부재의 크기와 철근의 피복에 관한 최종 결과는 유사하다.

표 2.1 EN 1992-1-2의 내화성 검증을 위해 대체할 수 있는 방법

	설계표 데이터 : 사양적 방법	약산법	상세계산법
부재 해석 부재는 분리된 것으로 간주한다. 온도구배로 인해 발생하는 것을 제외하고, 간접적인 화재의 작용은 고려하지 않는다.	**예** • 표준화재에 대해서만 제시되는 데이터 • 원칙적으로 데이터는 다른 화재곡선에 대해서 개발할 수 있다.	**예** • 표준화재 및 매개 변수 화재(parametric fire) • 표준화재에 대해서만 제시되는 온도형상 • 재료 모델은 오직 표준화재와 유사한 가열 속도에만 적용된다.	**예** • 오직 원칙만 제시한다.
구조물의 일부분 해석 부분 구조물 내 간접적인 화재의 작용을 고려하지만 구조물의 다른 부분과 시간 의존적인 상호작용은 없다.	**아니오**	**예** • 표준화재 및 매개 변수 화재 • 표준화재에 대해서만 제시되는 온도형상 • 재료 모델은 오직 표준화재와 유사한 가열 속도에만 적용된다.	**예** • 오직 원칙만 제시한다.
전체 구조물 해석 구조물 전체에서 간접적인 화재의 작용이 고려된다.	**아니오**	**아니오**	**예** • 오직 원칙만 제시한다.

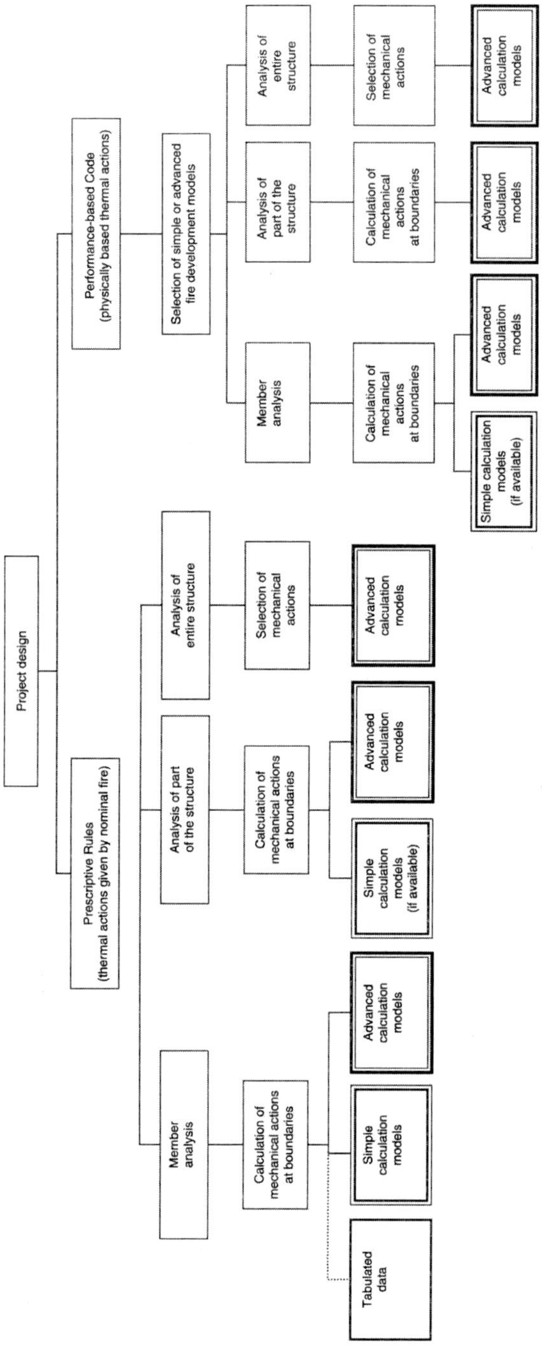
Project design
Prescriptive Rules (thermal actions given by nominal fire)
Performance-based Code (physically based thermal actions)
Member analysis
Analysis of part of the structure
Analysis of entire structure
Calculation of mechanical actions at boundaries
Calculation of mechanical actions at boundaries
Selection of mechanical actions
Tabulated data
Simple calculation models
Advanced calculation models
Simple calculation models (if available)
Advanced calculation models
Advanced calculation models
Selection of simple or advanced fire development models
Member analysis
Analysis of part of the structure
Analysis of entire structure
Calculation of mechanical actions at boundaries
Calculation of mechanical actions at boundaries
Selection of mechanical actions
Simple calculation models (if available)
Advanced calculation models
Advanced calculation models
Advanced calculation models

그림 2.1 설계 절차

다양한 재료 기준의 내화 부분(EN 1992-1-2, EN 1993-1-2, EN 1994-1-2)에서 내화성은 다음 항목에 의해 결정할 수 있다:

- 약산모델
- 상세계산모델, 또는
- 설계표 데이터

현재 영국의 표준은 표준화재시험에서 도출한 설계표 내화시간 및 특정한 사례에서 계산으로 도출된 내화성에 기반한다.

규정 요구사항은 보통 재실자의 형태(사무실, 거주용, 소매점 등)와 구조물의 높이에 기반한 국가 규정에서 명시한다. 설계에 요구되는 다양한 표준 간 관계를 나타내는 유로코드의 설계 절차는 다음과 같다.

- 관련 설계 화재 시나리오의 선택 (EN 1991-1-2)
- 해당하는 설계 화재의 결정 (EN 1991-1-2)
- 구조 부재의 온도 상승 계산 (EN 1992-1-2, EN 1993-1-2, EN 1994-1-2)
- 역학적 반응의 계산 (EN 1992-1-2, EN 1993-1-2, EN 1994-1-2)

이러한 상황은 그림 2.2에서 도식적으로 설명한다.

접근법에 있어 가장 중요한 차이는 평가를 위해 사용하는 고정하중과 활하중 및 시간-온도 체제와 관련된 하중 효과는 재료 기준에 포함되어 있지 않지만, 구조물에 대한 하중과 관련된 기준에 포함되어 있다.

유로코드에서 약산법은 화재한계상태에 대한 적절한 하중의 평가와 함께 고온에서 재료 특성 열화의 평가에 기반한다. 그리고 열 노출 설계에 적합한 감소계수에 기반하여 내화성을 계산하고 화재 시에 제공되는 하중 효과와 비교한다. 상세계산법은 보통 복잡한 유한요소모델의 사용과 관련이 있으며, 일반적으로는 설계자들은 이용할 수 없을 것이다.

1단계
내화 요구사항을 결정한다.
(국가 규정 (AD-B), 화재공학)

⬇

2단계
화재한계상태에서 하중 효과를 계산한다.
(EN 1990/EN 1991-1/EN 1991-1-2/EN 1992-1, EN 1993-1, EN 1994-1)

⬇

3단계
1단계에서 구한 요구사항에 부합하는 관련 치수를 선택한다.
(EN 1992-1-2, EN 1993-1-2, EN 1994-1-2)

그림 2.2 단순화한 내화설계 절차

2.2 EN 1992-1-2에 대한 콘크리트 구조물의 설계

화재를 받는 콘크리트 구조물에 대한 유로코드 설계 절차는 채택하는 설계 방법에 따라 구분된다. 이는 설계표 데이터, 약산모델 또는 상세계산모델일 수 있다. 설계자들이 이용할 수 있는 옵션은 표 2.2에서 요약한다.

표 2.2 설계자들이 이용할 수 있는 옵션의 범위

열 모델	구조 모델	해석의 방법
공칭(표준)화재곡선	단일 부재	설계표 데이터
표준 곡선에 기반한 계산(등가 시간)	부분 구조물	약산모델
구획 특성에 기반한 약산 (매개 변수적 접근법)	전체 구조물	상세계산모델 (비선형 유한요소)
상세계산모델(전산유체역학)	–	–

설계표 데이터는 철근콘크리트 기둥, 벽(내력 및 비내력), 보(단순 지지와 연속, 그리고 철근, PS 강 포함), 그리고 슬래브(솔리드 및 요철형)에 대해 제시된다. 약산법은 적절한 강도 감소 값과 함께 제시된다. 두 가지 약산법, 즉, 500℃ 등온선법(500℃ isotherm method) 및 구역법(zone method)은 기준의 부속서 B에 제시되어 있다. 콘크리트 구조물의 온도형상과 역학적 반응을 결정하기 위한 상세방법에 대한 일반 지침을 제시한다.

2.3 EN 1993-1-2에 대한 강구조물의 설계

화재를 받는 강구조물의 유로코드 설계 절차는 수행된 해석 유형에 따라 분류한다. 단일 부재, 구조물의 일부분, 또는 전체 구조물의 전반적인 해석을 수행할 수 있다. 설계자들이 이용할 수 있는 옵션은 표 2.3에서 요약한다. 인장 부재, 압축재 및 휨을 받는 부재에 대한 약산법을 제시한다. 내력 또는 온도에 대한 증명을 수행할 수 있다.

표 2.3 EN 1993-1-2의 내화성 검증을 위해 대체할 수 있는 방법

	설계표 데이터 : 사양적 방법	약산법	상세계산법
부재 해석 부재는 분리된 것으로 간주한다. 온도구배로 인해 발생하는 것을 제외하고, 간접적인 화재의 작용은 고려하지 않는다.	아니오	예 ▪ 표준화재 및 매개 변수 화재 ▪ 피복되거나 피복되지 않은 철골 부재에 대한 온도형상을 계산할 수 있다.	예 ▪ 국가 부속서 참조
구조물의 일부분 해석 부분 구조물 내 간접적인 화재의 작용을 고려하지만, 구조물의 다른 부분과 시간 의존적인 상호작용은 없다.	아니오	아니오	예 ▪ 국가 부속서 참조
전체 구조물 해석 구조물 전체에서 간접적인 화재의 작용이 고려된다.	아니오	아니오	예 ▪ 국가 부속서 참조

2.4 EN 1994-1-2에 대한 합성 구조물의 설계

화재를 받는 합성 강 및 콘크리트 구조물에 대한 유로코드 설계 절차는 수행한 해석 유형 및 채택한 설계 절차에 따라 분류한다. 설계자들이 이용할 수 있는 옵션은 표 2.4에서 요약한다.

표 2.4 EN 1994-1-2의 내화성 검증을 위해 대체할 수 있는 방법

	설계표 데이터 : 사양적 방법	약산법	상세계산법
부재 해석 부재는 분리된 것으로 간주한다. 온도구배로 인해 발생하는 것을 제외하고, 간접적인 화재의 작용은 고려하지 않는다.	**예 - 표준화재에 대해서만 제시되는 데이터**	**예 - 표준화재 노출에 대해서만 유효** ▪ 표준화재 및 매개 변수 화재 ▪ 피복되거나 피복되지 않은 철골 부재에 대한 온도형상을 계산할 수 있다.	**예** ▪ 오직 원칙만 제시한다.
구조물의 일부분 분석 부분 구조물 내 간접적인 화재의 작용을 고려하지만, 구조물의 다른 부분과 시간 의존적인 상호작용은 없다.	**아니오**	**아니오**	**예** ▪ 오직 원칙만 제시한다.
전체 구조물 해석 구조물 전체에서 간접적인 화재의 작용이 고려된다.	**아니오**	**아니오**	**예** ▪ 오직 원칙만 제시한다.

(완전히 피복된 철골 단면, 부분적으로 피복된 철골 단면, 콘크리트로 채운 속이 빈 단면을 포함해서) 부분적으로 피복한 합성보와 합성기둥에 대해 설계표 데이터를 제시한다. (피복되지 않은 강재보와 부분적으로 보강한 강재보를 포함해서) 합성슬래브와 합성보와 합성기둥에 대해 약산모델을 제시한다. 열 반응 및 역학적 반응의 계산을 위한 상세계산법의 사용에 대한 일반 지침을 제시한다.

2.5 시험을 이용한 설계

이 안내서에서 고려하는 모든 재료에 대해 내화 설계는 계산에 의한 설계에 대한 대안으로 화재시험 결과에 기반 할 수 있다. 설계는 실험과 계산을 결합하여 지원할 수도 있다.

CHAPTER

03

설계 화재

내화구조설계 가이드북

STRUCTURAL
FIRE ENGINEERING
DESIGN
GUIDEBOOK

03 CHAPTER

설계 화재

3.1 개요

내화구조설계의 첫 번째 단계는 적절한 화재 설계 시나리오를 정의하는 것이다. 이는 보통 설계 목적으로 가장 적합한 사례를 정하기 위해 건물 내 다양한 구획에서 화재를 고려하는 일과 관련이 있다. 설계 화재 시나리오의 선택은 사용된 설계 화재의 선택에 영향을 미칠 것이다. 후속 구조해석에서 사용될 열하중은 표준시험 방법에서 얻은 데이터에 의존하는 사양적 접근법 또는 특정 건물에 특정한 물리적 매개변수를 고려하여 결정할 수 있다. 전자의 접근법은 영국에서 대부분의 설계자가 사용하는 현재의 사양적 방법과 일치한다. 후자의 방법은 계산 절차를 가능하게 하며 기존의 화재 설계와는 완전히 다른 출발점을 갖는다. 효과적인 4단계 모델이 있으며, 이는 열 노출을 결정하는 데 사용할 수 있다. 이는 Witteveen[27]이 제시하는 매트릭스에 기반하여 복잡한 순서대로 표 3.1에서 설명한다.

지금까지, 3과 4단계의 해결책은 연구 프로젝트 또는 복잡하고 혁신적인 구조물로 제한되어 왔다. 유로코드를 실행하면 기준에서의 계산 절차에 따라 상당히 많은 수의 건물을 설계할 수 있게 될 것이다. 승인 기관은 점점 더 사양적인 접근법에서 기능적 방법론으로 이동하고 있으며, 설계자에게 기능적 요구사항에 어떻게 만족시키는 것이 아니라 무엇을 해야 하는지를 설명한다. 선택의 자유를 통해 설계자들은 계산 절차를 포함하여 다양한 선택권을 갖게 된다.

표 3.1 열 노출의 평가 방법

평가 방법	열 노출에 대한 모델	설명
1단계	H1	표준화재 노출 : 시험 또는 설계표 데이터
2단계	H2	등가 화재 시간 : 표준 가열로에서 동일한 기간에 대한 구획 화재의 심각도와 관련이 있다.
3단계	H3	매개변수적 노출 : 입력 매개 변수로서 방화구획의 물리적 특성을 사용한다.
4단계	H4	상세방법 : 요구되는 지속 시간 동안 전체 구획 반응을 특징짓는 데 사용하는 구역 또는 필드 모델

3.2 공기 온도를 계산하는 일반 규칙

이어지는 해석에서 사용할 열하중은 약산에서 도출한 공칭 값이거나 또는 상세방법에 의해 도출한 값일 것이다. 특정 화재 설계 시나리오의 선택은 가능성 있는 발화원과 사용가능한 화재 감지/진압 방법을 고려하는 위험도 평가에 기반해야 한다. 설계 화재는 한 번에 오직 한 곳의 방화구획에만 적용해야 한다.

3.3 공칭 온도-시간 곡선

공칭 또는 표준화재곡선은 규정한 하중 및 지지 조건에서 면밀하게 정의한 열 하중 및 역학적 하중을 받는 공통적인 성능 기준에 대해 건축재료 및 구성 요소를 평가하는 간단한 방법을 제공한다. 개념적으로는 건물의 화재를 대표하지만, 표준화재곡선은 화재의 성장과 발달에 영향을 미치는 물리적 변수를 고려하지 않는다. EN 1991-1-2에서 제시되는 공칭 곡선은 아래와 같이 설명된다.

3.3.1 표준 온도-시간 곡선

표준화재곡선은 수년 동안 건축 재료의 상대적인 성능을 확인하는 데 효과적으로 사용되어 왔다. 온도-시간 관계는 아래와 같이 설명되며 EN 1363[20]에서 정한다.

$$\theta_g = 20 + 345\log_{10}(8t+1) \tag{3.1}$$

여기서,

θ_g는 방화구획에서의 가스 온도(℃)이다.

t는 시간(분)이다.

이 곡선(그리고 다른 공칭 곡선)들의 큰 단점으로는 온도가 감소하는 구간, 즉, 냉각 구간(descending branch)이 없다는 점이다. 대형 실험[28]을 통해서, 특히 열에 대한 구속이 큰 경우에, 구조적 성능과 관련하여 냉각 단계가 매우 중요할 수 있음을 보여주었다. 이러한 표준 관계는 강재, 콘크리트 및 합성 구조물에 대한 기준에서 설계표 데이터의 기본이 된다. 유로코드를 통해서 이용할 수 있는 수많은 설계 방법에서 표준 곡선과 유사한 설계 화재를 선택할 수밖에 없는데 자연화재에 노출되는 부재 및 전체 구조물의 열 성능 및 구조 성능에 대한 정보가 충분하지 않기 때문이다.

3.3.2 외부화재곡선

외부화재곡선은 주요 구조물의 정면 외부에 있는 구조 부재에 사용한다. 외부화재곡선은 다음과 같이 제시된다.

$$\theta_g = 660(1-0.687e^{-0.32t} - 0.313e^{-3.8t}) + 20 \quad (3.2)$$

여기서, θ_g와 t는 위와 같이 정의한다.

3.3.3 탄화수소곡선

석유 화합물 또는 플라스틱이 전체적인 화재하중에서 중요한 부분을 차지하는 경우에 이러한 재료들은 발열량이 훨씬 더 높기 때문에 온도가 매우 빠르게 상승한다. 그러므로, 이러한 상황에서 다음과 같이 대체할 수 있는 온도-시간 곡선을 개발하였다.

$$\theta_g = 1{,}080(1-0.325e^{-0.167t} - 0.675e^{-2.5t}) + 20 \quad (3.3)$$

유로코드에서 정의하는 세 가지 공칭 곡선은 발화 단계, 성장 단계, 안정 상태 단계, 그리고 감소 단계로 구성되는 일반적인 자연화재 노출과 함께 그림 3.1에서 자세히 설명한다. 기타 여러 가지의 공칭화재곡선은 터널 내벽 평가와 같은 특정 상황에서 사용될 수 있다. 이러한 곡선들은 유럽 표준에 포함되지 않는다. 더 많은 정보는 참고문헌에서 이용할 수 있다.[29]

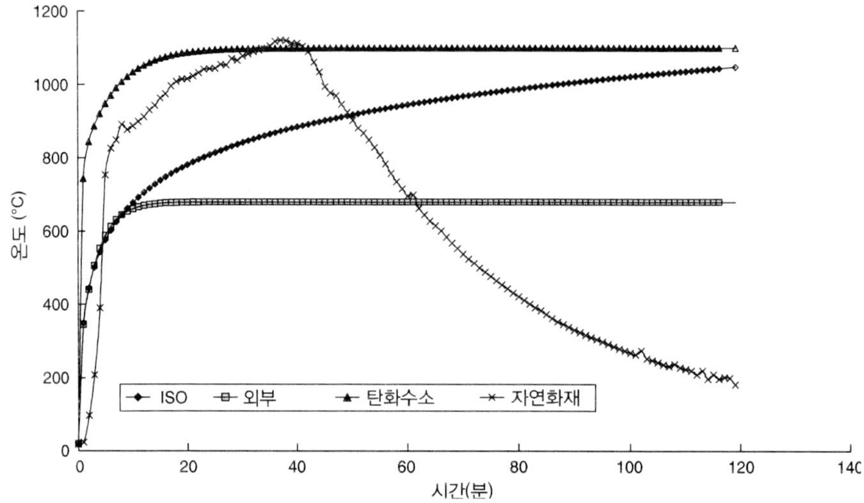

그림 3.1 공칭화재곡선 - 자연화재 실험결과와 비교

3.4 등가화재노출 시간

EN 1991-1-2는 방화구획의 물리적 특성을 고려하여 설계시 적절한 내화시간을 결정하는 방법을 포함한다. 실제 방화구획에서의 거동과 공칭곡선 사이에서 유사한 점이 매우 많으며 그 부분을 섞은 것과 같은 중간 부분이 존재한다. 이 방법은 표준시험 가열로에서 등가시간노출에 대해 실제 구획 내에서의 실제 화재의 심각도와 관련이 있다. 관련 입력 매개 변수는 화재하중의 양, 구획의 크기(바닥 면적 및 높이), 구획 내벽의 열특성, 그리고 환기 조건이다. (바닥 면적과 관련된 화재하중밀도에 기반한) 유로코드의 공식은 다음과 같다.

$$t_{e,d} = (q_{f,d} k_b w_t) k_c \tag{3.4}$$

여기서,

$t_{e,d}$는 설계를 위한 등가화재노출 시간이다 (분).

$q_{f,d}$는 설계화재하중밀도이다 (MJ/m^2).

k_b는 내벽의 열특성에 의존적인 환산계수이다.

w_t는 환기계수이다.

k_c는 재료에 의존적인 보정계수이다(비고: 피복된 강재 및 철근콘크리트에 대해 $k_c = 1.0$이며, 열특성에 대한 상세한 평가가 없으면 $k_b = 0.09$이다(국가 부속서의 값)).

구획 내에 수평 개구부(지붕 조명)가 없는 경우 환기계수는 다음과 같다.

$$w_f = (6/H)^{0.3}[0.62 + 90(0.4 - \alpha_v)^4]$$

여기서,

H는 방화구획의 높이이다 (m).

$\alpha_v = A_v/A_f$ 여기서 A_v와 A_f는 각각 환기 및 바닥 면적이다 (m^2).

그 다음 증명에 따르면 부재의 내화성은 등가 시간값보다 더 크다. 표준 가열로 실험에서 동일한 온도에 도달하기 위해 설정된 시간과 부재의 최대 온도와 관련하여 그림 3.2

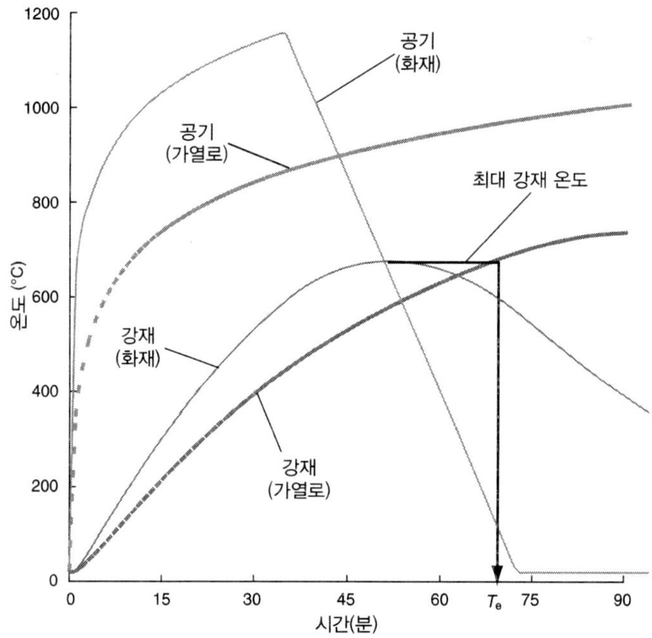

그림 3.2 (구조용 강재와 관련한) 등가 시간의 개념. (Dr B. Kirby의 허가 하에)

에서 등가 시간 개념에 대해 자세히 설명한다.

다음에 예제풀이를 통하여 이러한 개념이 설명된다.

예제 3.1 등가 시간 계산

방화 구조물(구획된 바닥 및 벽)의 경계가 있는 소규모 건물 안에서 보호받는 강재보에 대한 적절한 내화 시간을 계산하시오.

사무실 건물 내 소규모 방화구획을 고려해 보자 – 설계 매개 변수.

아래 표 3.2에서 3.5까지를 참고하라.

표 3.2 기하학적 데이터

설명	데이터
바닥 면적 A_f (m^2)	36 (6m × 6m)
환기 면적 A_v (m^2)	7.2 (너비 3.6m × 높이 2m)
환기 개구부 높이 h (m)	2
구획 높이 H (m)	4

표 3.3 재료의 열 데이터

요소	재료	열 관성 (b값 - $J/m^2s^{1/2}K$)	면적 (m^2)
지붕	콘크리트	2280	36
바닥	석고보드	520	36
벽	석고보드	520	76.8

표 3.4 구획 내벽의 열 속성을 고려하는 계수 k_b

열 특성	데이터
$b=(\rho c\lambda)^{1/2}(J/m^2s^{1/2}K)$	k_b (min m^2/MJ)
$b>2500$	0.04 (0.055)
$720 \leq b \leq 2500$	0.055 (0.07)
$b<720$	0.07 (0.09)

비고: 괄호 안은 영국 국가 부속서 값

표 3.5 특징적인 화재하중밀도

용도	특징적인 화재하중밀도 $q_{f,k}$(MJ/m^2) - 80% 분위
주거용	948 (870)
병원	280 (350)
호텔	377 (400)
사무실	511 (570)
학교 학급	347 (360)

비고: 괄호 안은 영국의 PD 7974-1[25] 값이다.

영국에 관련된 값을 사용하여 작업한 예시에 대해

설계 화재하중밀도 $q_{f,d} = q_{f,k} = 570\text{MJ/m}^2$

환기계수 $w_f = 0.863(\alpha_v = 0.2)$

열 특성을 고려하는 계수 $k_b = 0.07(b = 945\,\text{J/m}^2\text{s}^{1/2}\text{K})$

건축재료 계수 $k_c = 1.0$ (피복된 강재보)

그런 다음 공식 (3.4)에서

$t_{e,d} = 570 \times 0.863 \times 0.07 = 34$분

그러므로, 60분의 내화피복이 적절할 것이다.

3.5 매개변수 온도-시간 곡선

등가시간 접근법과 함께, 매개변수 화재는 구획 내부의 시간-온도 관계를 정하는 약산법의 한 예시이다. 현재 접근법은 유로코드 1의 내화 부분 뒤에 나오는 초안에서 수정되었다 (범위). 하지만 기본 공식은 거의 변경되지 않았으며, Wickström이 수행한 연구에 기반한다. 매개변수 접근법은 현대적인 스프레드시트에서 사용하기에 이상적으로 적합한 구획의 가스 온도를 빠르고 쉽게 추정할 수 있도록 한다. 이 접근법은 수많은 해를 걸쳐 광범위하게 입증되어 왔다. 이 접근법은 구조적인 문제를 고려할 때 주요 관심사인 오직 플래시오버 단계 후에만 적용되며, 구획 내 온도가 균일한 것으로 가정한다. EN 1991-1-2의 부록 A에서 기본 공식은 다음과 같다.

$$\theta_g = 20 + 1325(1 - 0.324e^{-0.2t^*} - 0.204e^{-1.7t^*} - 0.472e^{-19t^*}) \quad (3.5)$$

여기서,

θ_g는 방화구획의 온도(℃)이다.

$t^* = t\Gamma(\mathrm{h})$

t는 시간(h)이다.

$\Gamma = [O/b]^2/(0.04/1160)^2$

$b = \sqrt{(\rho c\lambda)}\,(\mathrm{J/m^2 s^{1/2} K})$

O = 개구부 계수 $(A_v\sqrt{h}/A_t)(\mathrm{m}^{1/2})$

A_v는 수직 개구부의 면적(m^2)이다.

h는 수직 개구부의 높이(m)이다.

A_t는 구획의 총면적(m^2)이다.

ρ는 구획 경계의 밀도($\mathrm{kg/m^3}$)이다.

c는 구획 경계의 비열(J/kgK)이다.

λ는 경계의 열전도율이다(W/mK).

제시된 구획 내 온도는 환기 면적의 변화 및 구획 내벽의 속성에 따라 수정된 (또는 매개변수) 시간의 단순 지수 함수로 변하는 것으로 가정한다. 0.04와 1160의 값은 접근법의 개발에 사용한 구획의 개구부 계수와 열 특성을 의미한다. 동일한 값을 사용한 매개변수 계산은 표준화재곡선과 매우 유사한 시간-온도 관계를 보인다.

영국 국가 적용 문서[31]로 영국에서 사용하기 위해 배포된 유로코드의 개발에 대한 원래 초안에서 이 공식의 사용에 대한 수많은 제약이 있었으며, 그로 인해 적용 범위가 상당히 제한되었다. 접근법의 증명이 개발되면서 그 중 대부분은 현재 삭제되었고, 현재 이 방법은 가장 일반적인 건물 유형에 대해 사용할 수 있다.

계산 절차는 공학자에게 시간과 함께 변하는 온도 상승률을 제공한다. 화재의 지속 시간을 추정하기 위해서 화재 하중과 개구부 간의 관계를 고려해야 한다. 가열 단계에서 최대 온도는 다음의 공식에 따라 주어지는 시간 t_{max}에서 발생한다.

$$t_{max} = \text{maximum of } 0.2\times10^{-3}\times q_{t,d}/O \text{ 또는 } t_{lim} \quad (3.6)$$

여기서, $q_{t,d}$는 구획의 총 표면적과 관련된 화재하중밀도의 설계값이며 ($q_{t,d}$의 값은 50~1000MJ/m^2 범위에 있어야 한다), t_{lim}은 느리거나, 중간 또는 빠른 화재 성장 속도에 기반한 화재의 지속 시간에 대한 최소값이다. 사무실 공간에 대해 중간 속도의 화재 진행은 20분에 상응하는 t_{lim}의 값에 해당하는 것으로 가정해야 한다.

화재하중의 가장 현실적인 조합에 대하여 구획의 기하학적 구조와 개구부 계수 t_{max}는 20분의 한도를 초과할 것이다. 냉각 단계에 대한 온도–시간 곡선은 그래서 다음과 같이 제시된다.

$$\theta_g = \theta_{max} - 625(t^* - t^*_{max}) \quad \text{for } t^*_{max} \le 0.5 \qquad (3.7a)$$

$$\theta_g = \theta_{max} - 250(3 - t^*_{max})(t^* - t^*_{max}) \quad \text{for } t^*_{max} < 2 \qquad (3.7b)$$

$$\theta_g = \theta_{max} - 250(t^* - t^*_{max}) \quad \text{for } t^*_{max} \ge 2 \qquad (3.7c)$$

예제 3.2는 전형적인 사무실 구획에 대한 매개변수 계산의 예를 보여주며, 그림 3.3은 이 접근법의 정확도를 나타내는 실험 결과와 함께 예측된 시간–온도 반응을 보여준다. 독자들은 앞서 논의한 등가 시간에 대한 계산 절차와의 유사점에 주목할 것이다.

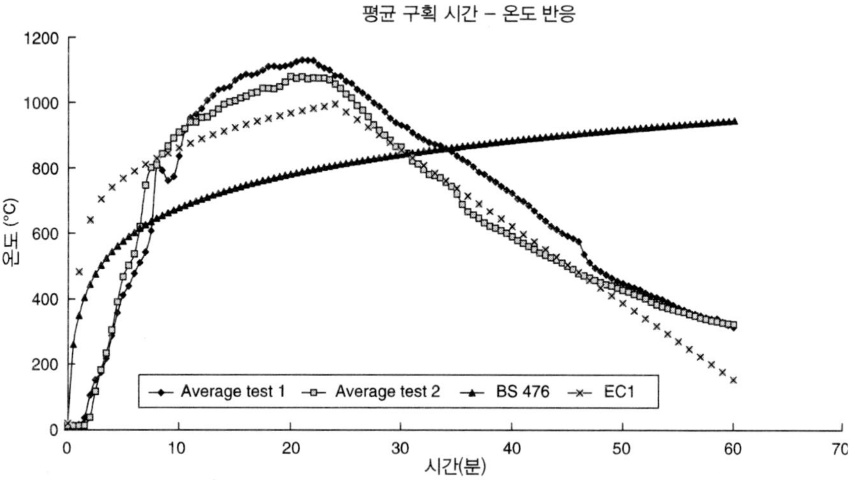

그림 3.3 매개변수적 예측과 실험 결과의 비교

예제 3.2 매개변수 계산

사무실 건물 내 전형적인 방화구획은 6m × 6m의 바닥 면적과 3.4m의 바닥-천장 높이를 갖는다. 정면 위치에 하나의 창문 개구부가 있으며, 그 크기는 너비 3.6m × 높이 2m이다. 표 3.6은 구획의 시간-온도 반응의 계산에 필요한 기하학적 매개 변수를 다음과 같이 보여준다.

표 3.6 매개변수 계산을 위한 기하학적 매개 변수

설명	데이터
바닥 면적 A_f (m^2)	36 (6m × 6m)
환기 면적 A_v (m^2)	7.2 (너비 3.6m × 높이 2m)
구획 경계선의 총면적 (창문 포함) (m^2)	153.6 [(2 × 6 × 6) + (4 × 3.4 × 6)]
환기 개구부 높이 h (m)	2
개구부 계수 $O(m^{1/2}) = (A_v \sqrt{h})A_t$	0.066

벽과 바닥은 석고보드로 내벽을 두르며, 천장은 프리캐스트 콘크리트판으로 시공한다. 표 3.7은 구획의 시간-온도 반응의 계산을 위해 필요한 재료 특성을 요약한다.
설계에 사용하는 b 값은 가중치를 준 평균이며, 여기서 $b=\sum(b_j A_j/A_j)$이다. 여기서 설계에 사용하는 관련 b 값은 $945J/m^2 \cdot s^{1/2} \cdot K$이다.

표 3.7 매개변수 계산을 위한 열 특성

구조물	재료	열 관성 (b 값 - $J/m^2 \cdot s^{1/2} \cdot K$)	면적 (m^2)
지붕	콘크리트	2280	36
바닥	석고보드	520	36
벽	석고보드	520	76.8

일반적으로 사용하는 건축 재료의 열 특성에 대한 정보는 유로코드에서는 제공하지 않는다. 문헌에서 일부 지침을 이용할 수 있으며, 이는 표 3.8에서 제시하고 있다. 열 관성에 대한 주요 값은 Competitive Steel Buildings Through Natural Fire Safety Concept[32]에서 사용하며, 괄호 안의 값은 CIB W14 Workshop Report, Design guide: Structural fire safety[33]에서 취한다. b 값의 불일치는 아마 유사한 재료의 차이를 의미할 것이다. 분명히 이 분야에서 더 많은 정보가 필요하다. 가능한 경우, 설계자들은 계산을 위한 정확한 재료 속성 데이터를 얻기 위해서 제조업체와 상담해야 한다.

표 3.8 일반적으로 사용하는 건축 재료의 열 특성

재료	열 관성 b 값 ($J/m^2s^{1/2}K$)
보통 중량 콘크리트	2034.7 (2280)
경량 콘크리트	1122.5 (840)
구조용 강재	13422.3 (15000)
규산칼슘보드	151.8
목재	223.8 (600)
벽돌	1521.5 (1200)

설계화재하중밀도는 유로코드에서 80% 분위 값을 재생산해서 취한다. 이 경우에, 570MJ/m^2의 설계 화재하중밀도를 사용하였다. 화재하중밀도는 EN 1991-1-2와 영국 표준[25], 그리고 CIB Design Guide[33]에서 출판되었다. 관련 정보는 표 3.9에서 보여준다. 주요 수치는 유로코드에서 가져왔으며, 괄호 안의 수치는 영국 표준값이다. 화재하중밀도에 대한 출처 데이터는 CIB Design Guide에서 찾을 수 있으며, 원산지와 용도의 정확한 특성에 따라 큰 차이를 보인다는 데에 주목해야 한다. 성문화한 값이 언제나 서로 일치하는 것은 아니며, 특정한 경우에 주거용 시설에 대해 유로코드와 영국의 규정에서 인용되는 특징적인 값처럼 매우 다른 값을 보이기도 한다. 또한, 이러한 중요한 설계변수를 합리화하기 위해 더 많은 연구가 필요하다.

표 3.9 화재하중밀도

용도	특징적인 화재하중밀도(MJ/m^2) - 80% 분위
주거용	948 (400)
병원	280 (350)
호텔	377 (400)
사무실	511 (570)
학교 학급	347 (360)

이러한 입력값으로, 식 (3.5)와 (3.6)을 사용하여 구획의 시간-온도 반응 및 예상되는 지속 시간을 계산한다. 이 경우에, 매개변수 식은 995℃의 최대 온도와 최대 온도 도달 시간을 24분으로 계산한다. 예측된 반응은 그림 3.3에서 자세히 설명되며, 두 번의 실제 화재 실험에서 측정한 값과 비교한다.

3.6 외부 공기 온도

외부 구조 부재는 건물의 개구부에서 뿜어져 나오는 화염과 방사열에 의해 화재에 노출될 수 있다. EN 1991-1-2의 부속서 B는 Law[34]가 수행한 연구에 기반하여 외부 부재에 대한 열하중을 결정하는 계산 방법을 제시한다.
이 방법은 최대 구획 온도, 개구부에서 나타나는 화염 기둥의 규모와 온도, 그리고 복사 및 대류에 대한 열전달 변수를 계산할 수 있도록 한다.

3.7 상세화재모델

특정 상황에서 공칭화재 노출 또는 약산법에 의존하는 것으로 충분하지 않을 경우가 있다. 질량 및 에너지 보존에 대한 공식의 해법에 기반한 존 모델 또는 복잡한 전산유체역학(CFD) 모델을 포함하여 상세계산법을 사용하여 통제 구역 내 다양한 지점에서 열역학적 변수 및 공기 역학적 변수의 해법에 기반한 정보를 제공하기도 한다. 그러한 모델은 수년 동안 연기와 독성 기체의 이동을 모델화하는 데 효과적으로 사용해 왔으며, 현재 특정한 플래시오버 후 화재 시나리오에 대한 열 환경을 모델화하는 데까지 확대되었다. 그러한 복잡한 모델은 건물의 화재공학 설계를 책임지는 구조 공학자들은 보통 이용하지 않으며, 일반적으로 전문 화재공학 컨설턴트 또는 연구 기관에서 사용할 것이다.

CHAPTER

04

부재 온도

내화구조설계 가이드북

STRUCTURAL
FIRE ENGINEERING
DESIGN
GUIDEBOOK

04

CHAPTER

부재 온도

4.1 개요

앞 장에서 설명한 방화구획 내에서의 공기 온도 계산은 합리적 화재공학 설계 과정의 첫 단계이다. 다음 단계는 계산을 하거나 발표된 데이터를 참조하여 구조 요소 내에서의 온도분포를 결정하는 것이다.

4.2 강재 및 합성 부재에 대한 단면형상계수

단면형상계수(A/V)는 강재 부재의 열적 반응을 측정하는 데 편리한 매개변수이다. 기본적으로 강재보 또는 기둥이 온도에 따라 늘어나는 비율은 화재에 노출되는 강재의 표면적(A)에 비례하고 단면의 질량이나 부피(V)에 반비례한다. 화재가 발생할 때 단면형상계수가 작은 부재는 단면형상계수가 큰 부재와 비교하여 느린 속도로 온도가 상승할 것이다.

여러 가지 유형의 내화피복 되지 않은 강재에 대한 단면형상계수의 계산이 그림 4.1에 나와 있다.

4.3 내화피복 되지 않은 강구조물

EN 1993-1-2에는 내화피복 되지 않은 철골 부재(steel members)의 열반응(thermal

response) 계산에 사용할 수 있는 간단한 설계 접근법이 나와 있다. 이 접근법을 연철, 주철, 알루미늄 합금 및 스테인리스강 등을 포함하는 다른 금속으로 확장할 수 있다. 단면에서 온도분포가 동일하고 균일하다고 가정하면, 시간 Δt 중에 피복되지 않은 철골 부의 온도 증가 $\Delta\theta_{a,t}$ [K]는 다음과 같이 주어진다.

$$\Delta\theta_{\mathrm{a,t}} = k_{\mathrm{sh}} \frac{A_{\mathrm{m}} / V}{c_{\mathrm{a}} \rho_{\mathrm{a}}} \dot{h}_{\mathrm{net}\ t,d} \Delta t \quad \Delta t \leq 5\mathrm{s} \text{ 인 경우} \tag{4.1}$$

여기서,

ρ_{a}	강재의 단위 질량(kg/m^3)
A_{m}	단위 길이당 부재의 표면적(m^2)
A_{m}/V	피복되지 않은 철골 부재의 단면형상계수(m-1)
c_{a}	강재의 비열(J/kgK)
$\dot{h}_{\mathrm{net,d}}$	단위 면적당 순 열속(W/m^2)
k_{sh}	음영효과에 대한 보정계수(음영효과를 무시할 경우 $k_{\mathrm{sh}} = 1.0$)
Δt	시간 간격(s)
V	단위 길이당 부재의 부피(m^3)

형상	설명	단면형상계수 A_m/V
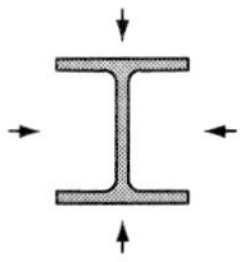	모든 방향에서 화재에 노출되는 개방된 형강	$\frac{A_m}{V}=\frac{\text{둘레길이}}{\text{단면적}}$
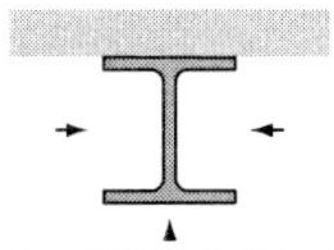	3방향에서 화재에 노출되는 개방된 형강	$\frac{A_m}{V}=\frac{\text{화재에 노출된 표면}}{\text{단면적}}$
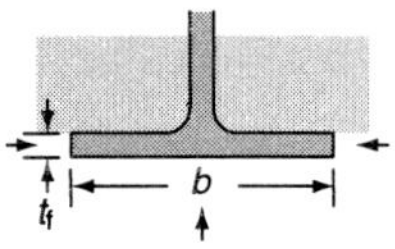	3방향에서 화재에 노출되는 H형강 플랜지	$\frac{A_m}{V}=\frac{b+2t_f}{bt_f}$ 또는 $\frac{A_m}{V}\approx\frac{1}{t_f}$ for $t_f \ll b$
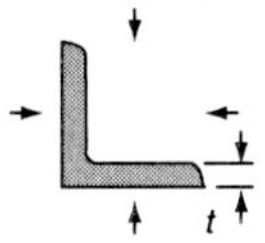	모든 방향에서 화재에 노출되는 앵글	$\frac{A_m}{V}=\frac{2}{t}$
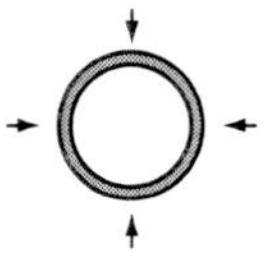	모든 방향에서 노출되는 원형 강관(Tube)	$\frac{A_m}{V}=\frac{1}{t}$
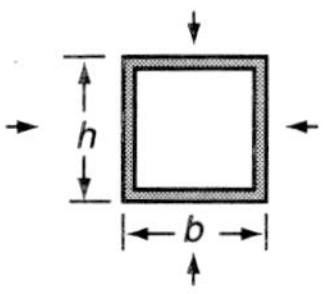	모든 방향에서 노출되는 중공 단면(Hollow section)이나 용접한 박스 형강	$\frac{A_m}{V}=\frac{2(b+h)}{\text{단면적}}$ 또는 $\frac{A_m}{V}\approx\frac{1}{t_f}$ for $t_f \ll b$

그림 4.1 내화피복 되지 않은 철골 부재의 단면형상계수

직사각형이나 원형의 중공 단면과 같은 볼록한 형태의 형강이 완전히 화재에 휩싸이면 음영효과가 나타나지 않아서 $k_{sh}=1.0$으로 간주할 수 있다. 그렇지 않으면 음영효과 (k_{sh})에 대한 보정계수는 다음과 같이 주어진다.

$$k_{sh}=\begin{cases}\dfrac{0.9[A_m/V]_b}{A_m/V} & \text{공칭 화재 작용이 발생했을 때의 } H\text{형강의 경우}\\[2ex] \dfrac{[A_m/V]_b}{A_m/V} & \text{그 밖의 경우}\end{cases}$$

여기서, $A_m/V \geq 10\text{m}^{-1}$이고 $[A_m/V]_b$는 단면형상계수의 박스값이다.

4.4 내화피복된 강구조물

EN 1993-1-2에는 비반응성 내화피복재료를 사용하는 내화피복된 철골 부재에 대한 간단한 설계 접근법이 나와 있다. 내화피복된 철골 부재는 특정한 형태를 갖거나 박스 시스템의 형태가 될 수는 있지만 팽창성 코팅은 포함하지 않는다. 온도분포가 균일하다고 가정하면, 시간 $\Delta t(\le 30\mathrm{s})$에 대해 내화피복된 철골 부재의 온도 증가 $\Delta\theta_{\mathrm{a,t}}$는 다음과 같이 주어진다.

$$\Delta\theta_{\mathrm{a,t}} = \frac{\lambda_{\mathrm{p}} A_{\mathrm{p}}/V}{d_{\mathrm{p}} c_{\mathrm{a}} \rho_{\mathrm{a}}} \frac{(\theta_{\mathrm{g,t}} - \theta_{\mathrm{a,t}})}{(1+\phi/3)} \Delta t (e^{\phi/10} - 1) \Delta\theta_{\mathrm{g,t}} \tag{4.2}$$

하지만 $\Delta\theta_{\mathrm{g,t}} > 0$이라면 $\Delta\theta_{\mathrm{a,t}} \ge 0$이다.

여기서,

$$\phi = \frac{c_{\mathrm{p}} \rho_{\mathrm{p}}}{c_{\mathrm{a}} \rho_{\mathrm{a}}} d_{\mathrm{p}} A_{\mathrm{p}}/V$$

형상	설명	단면형상계수 A_p/V
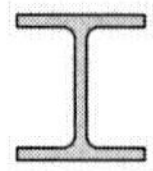	외부를 균일한 두께로 감싼 형태	$\frac{A_p}{V} = \frac{\text{강재둘레길이}}{\text{강재단면적}}$
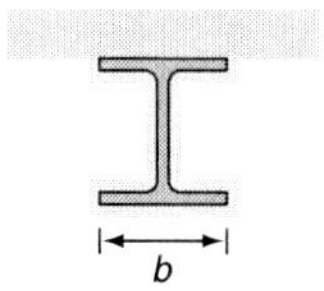	3방향에서 화재에 노출되어 있으며, 외부를 균일한 두께로 감싼 형태	$\frac{A_p}{V} = \frac{\text{강재둘레길이} - b}{\text{강재단면적}}$
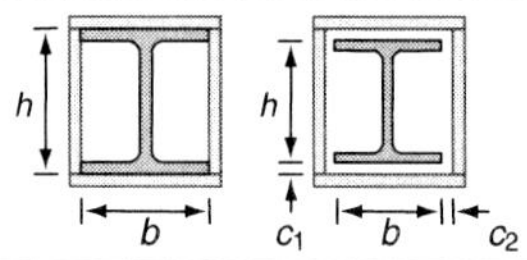	균일한 두께를 갖는 중공 형태(간격 c_1 및 c_2 〈 h/4)	$\frac{A_p}{V} = \frac{2(b+h)}{\text{강재단면적}}$
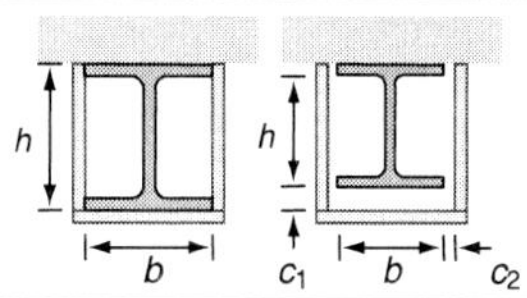	3방향에서 화재에 노출되고, 균일한 두께를 갖는 중공 형태(간격 c_1 및 c_2 〈 h/4)	$\frac{A_p}{V} = \frac{2h+b}{\text{강재단면적}}$

그림 4.2 내화피복된 철골 부재의 단면형상계수

여기서,

λ_p	내화피복재의 열전도율(W/mK)
$\theta_{a,t}$	시간 t에서의 철골의 온도(℃)
$\theta_{g,t}$	시간 t에서의 가스 온도(℃)
$\Delta\theta_{g,t}$	시간 Δt(K) 동안의 가스 온도의 증가
ρ_a	철골의 단위 질량(kg/m^3)
ρ_p	내화피복재의 단위 질량(kg/m^3)
A_p/V	내화피복재로 피복된 철골 부재에 대한 단면형상계수(m^{-1})
A_p	단위 길이당 내화피복재의 면적(m^2)
c_a	철골 온도에 따른 비열(J/kgK)
c_p	내화피복재의 온도에 따른 비열(J/kgK)
d_p	내화피복재의 두께(m)
Δt	시간(s)
V	단위 길이당 철골 부재의 부피(m^3)

그림 4.2에는 내화피복된 철골 부재에 대한 단면형상계수(A_p/V)의 일부 설계값이다. 내화피복재의 면적(A_p)은 일반적으로 내부 표면의 면적으로 한다. 철골 부재 주위에 간격이 있는 중공형 박스의 경우 A_p의 값은 철골 부재를 기준으로 한다.

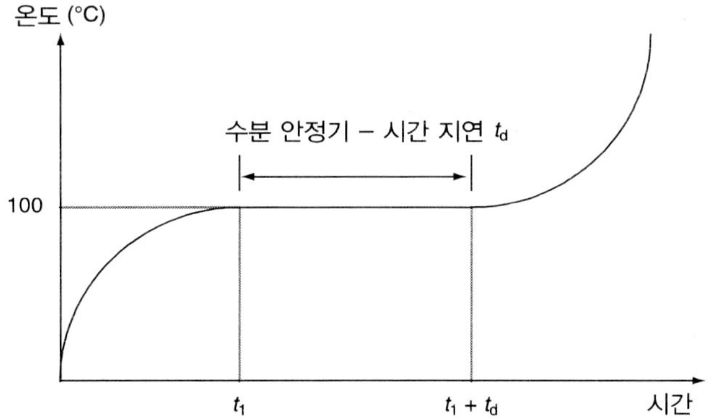

그림 4.3 내화피복재에 대한 수분의 평가(DD ENV 13381-4:2002)

수분이 있는 내화피복재의 경우, 그림 4.3에 나와 있는 것처럼 수분의 증발에서 생기는 잠열 때문에 철골의 온도 상승은 100℃에 달하면 시간의 지연(t_d)을 허용할 수 있도록 철골 온도 증가($\Delta\theta_a$)가 변경될 수 있다. t_d에 대한 계산 방법이 DD ENV 13381-4 (2002)에 나와 있다.[35]

4.5 내화피복 되지 않은 합성 슬래브

EN 1994-1-2에는 표준화재에 노출된 내화피복되지 않은 특정 형태 데크플레이트의 합성 슬래브의 정 및 부모멘트 내력을 결정하기 위한 약산모델이 나와 있다. 슬래브 내에서 온도형상 평가는 EN 1994-1-2의 부속서 D(참고용)에 나와 있다.

이 접근법을 사용하면 강재 시트, 리브의 철근, 그리고 콘크리트 슬래브의 온도를 따로 계산할 수 있다. 강재 데크플레이트의 하부 플랜지, 웨브 및 상부 플랜지와 리브의 철근 온도는 실험식으로 구할 수 있다. 하지만 화재 조건에 노출되는 콘크리트 단면의 온도 분포는 균일하지 않기 때문에 슬래브의 콘크리트 부분에 대한 온도형상의 계산은 다소 복잡하다. 실험식으로 콘크리트 내부의 등온선을 작성하는 것은 너무 복잡하다.

현재 EN 1994-1-2에는 한계온도를 벗어나는 온도는 무시하고 나머지 단면은 상온으로 간주하여 콘크리트 내부에서 특정 한계온도에 대한 등온선을 작성하는 간단한 모델만 나와 있다. 한계온도는 단면 위의 평형 상태에서 유도되었으며, 온도 침투와 관련이 없다는 것을 강조해야 한다.[36] 이러한 단순화가 부모멘트내력 계산에 적당할 수도 있지만, 슬래브의 열적 반응 해석에는 적당하지 않을 수도 있다. 그 대신에 EN 1994-1-2에서는 합성 슬래브를 온도분포가 표에 나와 있는 솔리드 슬래브로 취급하여 보수적 근사화를 제공한다.

이 방법에서 사용하는 가정 중의 하나는 강재 데크플레이트가 콘크리트에 접착된 상태를 유지한다는 것이다. 하지만 화재시험에서 나온 증거를 보면 이것이 유효한 가정이 아니라는 것을 알 수 있다.

4.5.1 강재 데크플레이트

강재 데크플레이트의 하부 플랜지, 웨브 및 상부 플랜지의 온도 θ_a는 다음과 같이 주어진다.

$$\theta_{\mathrm{a}} = b_0 + b_1\frac{1}{l_3} + b_2\frac{A}{L_r} + b_3\Phi + b_4\Phi^2 \tag{4.3}$$

여기서,

$$\Phi = \frac{1}{l_3}\left[\sqrt{h_2^2 + \left(l_3 + \frac{l_1 - l_2}{2}\right)^2} - \sqrt{h_2^2 + \left(\frac{l_1 - l_2}{2}\right)^2}\right]$$

여기서,

Φ	상부 플랜지의 형상계수
$b_0 ... b_4$	표 4.1에 나와 있는 것과 같은 강재 데크플레이트의 다양한 부분의 온도를 결정하기 위한 계수
A/L_{r}	리브 형상계수(mm)
A	리브 1m 길이에 대한 리브의 콘크리트 부피(mm^3/m)
h_2	리브의 깊이(mm)
L_{r}	리브 1m 길이에 대한 리브의 노출 면적(mm^2/m)
l_1, l_2	그림 4.4의 길이(mm)
l_3	상부 플랜지의 폭(mm)

전형적인 합성 슬래브의 기하학적 치수와 계수의 정의가 그림 4.4에 나와 있다.

표 4.1 강철 데크플레이트의 다양한 부분의 온도를 결정하기 위한 계수

콘크리트	표준내화성능	강재시트 부분	b_0 (℃)	b_1 (℃mm)	b_2 (℃mm)	b_3 (℃)	b_4 (℃)
보통중량 콘크리트	R60	하부 플랜지	951	−1197	−2.32	86.4	−150.7
		웨브	661	−833	−2.96	537.7	−351.9
		상부 플랜지	340	−3269	−2.62	1148.4	−679.8
	R90	하부 플랜지	1018	−839	−1.55	65.1	−108.1
		웨브	816	−959	−2.21	464.9	−340.2
		상부 플랜지	618	−2786	−1.79	767.9	−472.0
	R120	하부 플랜지	1063	−679	−1.13	46.7	−82.8

		웨브	925	-949	-1.82	344.2	-267.4
		상부 플랜지	770	-2460	-1.67	592.6	-379.0
경량 콘크리트	R30	하부 플랜지	800	-1326	-2.65	114.5	-181.2
		웨브	483	-286	-2.26	439.6	-244.0
		상부 플랜지	331	-2284	-1.54	488.8	-131.7
	R60	하부 플랜지	955	-622	-1.32	47.7	-81.1
		웨브	761	-558	-1.67	426.5	-303.0
		상부 플랜지	607	-2261	-1.02	664.5	-410.0
	R90	하부 플랜지	1019	-478	-0.91	32.7	-60.8
		웨브	906	-654	-1.36	287.8	-230.3
		상부 플랜지	789	-1847	-0.99	469.5	-313.0
	R120	하부 플랜지	1062	-399	-0.65	19.8	-43.7
		웨브	989	-629	-1.07	186.1	-152.6
		상부 플랜지	903	-1561	-0.92	305.2	-197.2

참고 : 중간값의 경우, 선형보간으로 가능함.

4.5.2 철근

리브의 철근의 온도 θ_s (그림 4.5 참조)는 다음과 같이 주어진다.

$$\theta_s = c_0 + c_1 \frac{u_3}{h_2} + c_2 z + c_3 \frac{A}{L_r} + c_4 \alpha + c_5 \frac{1}{l_3} \quad (4.4)$$

여기서,

$$\frac{1}{z} = \frac{1}{\sqrt{u_1}} + \frac{1}{\sqrt{u_2}} + \frac{1}{\sqrt{u_3}}$$

여기서,

α 웨브의 각도(도)

$c_0 ... c_5$ 표 4.2에 주어진 리브의 철근 온도를 결정하기 위한 계수

A/L_r 리브 형상계수(mm)

A 리브 1m 길이에 대한 리브의 콘크리트 부피(mm^3/m)

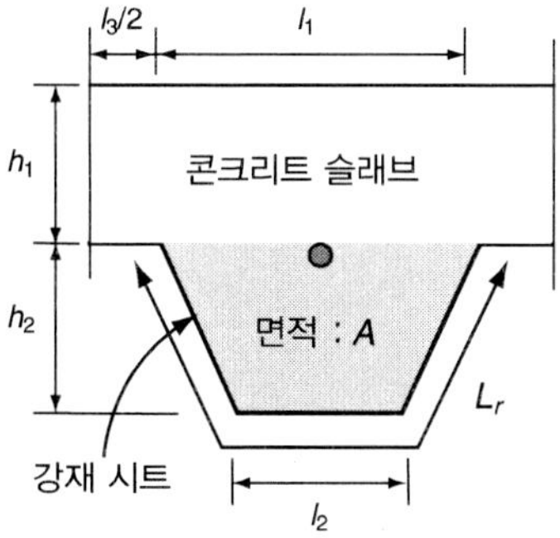

철근 형상 계수 A/L_r은 다음과 같이 주어진다.

$$\frac{A}{L_r} = \frac{h_2\left(\frac{l_1+l_2}{2}\right)}{l_2 + 2\sqrt{h_2^2 + \left(\frac{l_1-l_2}{2}\right)^2}}$$

그림 4.4 합성 슬래브의 기하학적 치수의 정의

h_2 리브의 깊이(mm)

L_r 리브 1m 길이에 대한 리브의 노출 면적(mm2/m)

l_3 상부 플랜지의 폭(mm)

u_1, u_2 철근 중앙에서 웨브까지 거리 중 가장 짧은 거리(mm)

u_3 철근의 중앙에서 하부 플랜지까지의 거리(mm)

z 리브에서 철근의 위치를 나타내는 계수($mm^{-1/2}$)

그림 4.5에는 합성 슬래브의 리브 철근에 대한 거리 u_1, u_2 및 u_3를 측정하는 방법이 나와 있다.

표 4.2 리브의 철근 온도를 결정하기 위한 계수

콘크리트	표준내화성능	c_0 (℃)	c_1 (℃)	c_2 (℃$mm^{0.5}$)	c_3 (℃mm)	c_4 (℃/°)	c_5 (℃mm)
보통중량 콘크리트	R60	1191	−250	−240	−5.01	1.04	−925
	R90	1342	−256	−235	−5.30	1.39	−1267
	R120	1387	−238	−227	−4.79	1.68	−1326
경량 콘크리트	R30	809	−135	−243	−0.70	0.48	−315
	R60	1336	−242	−292	−6.11	1.63	−900
	R90	1381	−240	−269	−5.46	2.24	−918
	R120	1397	−230	−253	−4.44	2.47	−906

참고 : 중간값의 경우, 선형보간으로 가능함.

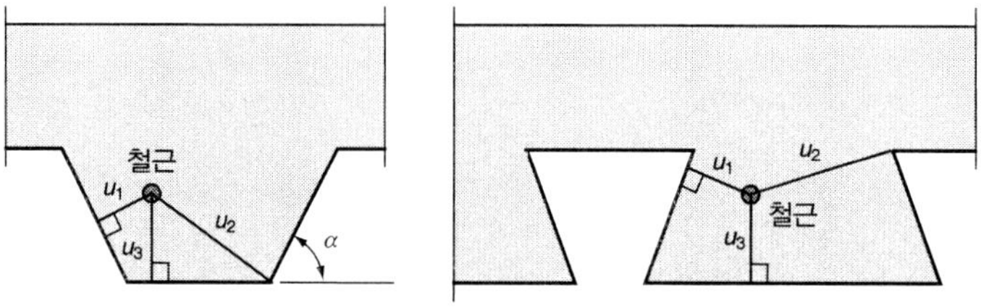

그림 4.5 리브의 철근에 대한 u_1, u_2 및 u_3의 정의

4.5.3 강재 데크플레이트 위의 콘크리트 슬래브

EN 1994-1-2에는 사다리꼴 또는 도브테일 형상의 강재 데크플레이트 위의 콘크리트 슬래브에 대한 온도분포를 계산하는 간단한 모델은 나와 있지 않다. 하지만 동등한 솔리드 슬래브를 기준으로 한 온도분포는 나와 있다.
계산할 때 합성 슬래브는 유효 두께가 h_{eff}인 솔리드 슬래브로 적용한다(h_{eff}는 다음과 같이 주어진다).

$$h_{eff}=\begin{cases} h_1+0.5h_2\left(\dfrac{l_1+l_2}{l_1+l_3}\right) & h_2/h_1\le 1.5\text{이고 } h_1>40\,\text{mm인 경우} \\ h_1\left[1+0.75\left(\dfrac{l_1+l_2}{l_1+l_3}\right)\right] & h_2/h_1>1.5\text{이고 } h_1>40\,\text{mm인 경우} \end{cases} \quad (4.5)$$

여기서, 단면 치수 h_1, h_2, l_1, l_2 및 l_3는 그림 4.6에 나와 있다. 그리고 h_{eff}로부터 깊이 x에서의 온도를 표 4.3에서 구할 수 있다.

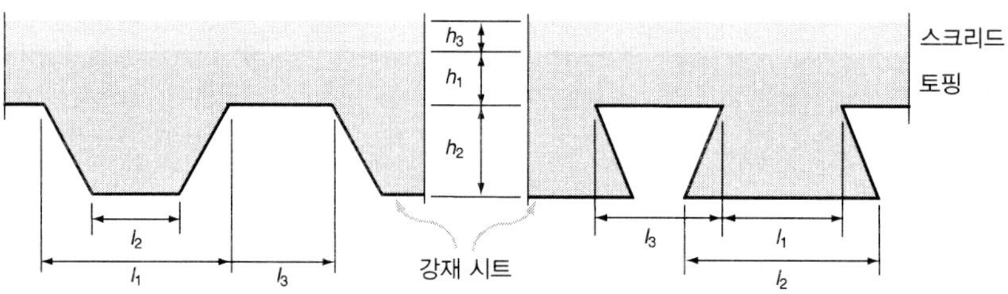

그림 4.6 합성 슬래브의 단면 치수

표 4.3 보통 중량 콘크리트이고 내화피복 되지 않은 100mm 두께 솔리드 슬래브의 온도분포

깊이	표준내화성능에 대한 온도 θ_c(℃)					
x (mm)	R30	R60	R90	R120	R180	R180
5	535	705	–	–	–	–
10	470	642	738	–	–	–
15	415	581	681	754	–	–
20	350	525	627	697	–	–
25	300	469	571	642	738	–
30	250	421	519	591	689	740
35	210	374	473	542	635	700
40	180	327	428	493	590	670
45	160	289	387	454	469	645
50	140	250	345	415	430	550
55	125	200	294	369	549	520
60	110	175	271	342	508	495
80	80	140	220	270	330	395
100	60	100	160	210	260	305
참고: 경량 콘크리트의 경우, 온도는 주어진 값의 90%로 감소한다.						

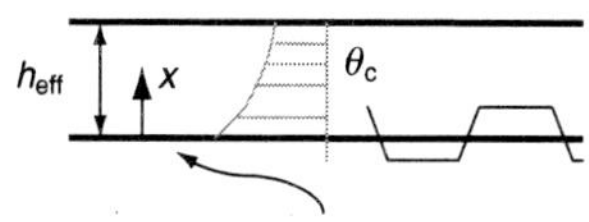

슬래브의 가열된 하부면

4.6 콘크리트 부재에 대한 온도형상

EN 1992-1-2[23]의 부속서 A(참고용)에는 슬래브 또는 벽, 보 및 기둥에 대하여 계산된 온도형상이 나와 있다. 이용할 수 있는 설계 도표를 표 4.4에 요약하였다.

표 4.4 콘크리트 부재에 대한 설계 도표 요약

부재	단면 치수(mm)	표준내화성능
한 방향으로 노출되는 슬래브 또는 벽	두께=200	R30 - R240
보	높이 × 폭 = 300 × 160	R30 - R90 및 500℃ 등온선
	높이 × 폭 = 600 × 300	R60 - R120
	높이 × 폭 = 800 × 500	R60 - R240
사각형 기둥	높이 × 폭 = 300 × 300	R30 - R120 및 500℃ 등온선
원형 기둥	직경 = 300	R30 - R120 및 500℃ 등온선

설계 도표는 다음과 같은 가정을 바탕으로 한다.

- 콘크리트의 비열은 1.5%의 수분을 포함한다.
- 열전도율의 하한을 사용한다.
- 콘크리트 표면의 방사율은 0.7이다.
- 대류계수는 25이다.
- 화재 노출 중에 콘크리트의 폭열이 발생하지 않는다.

그림 4.7은 R30부터 R240에 대한 200mm와 600mm 두께의 슬래브의 온도형상을 보여준다. 그림 4.8에는 R30 및 R120에 대하여 폭 × 높이가 (160 × 230mm)와 (300 × 600mm)인 보에 대한 온도형상이 나와 있다.

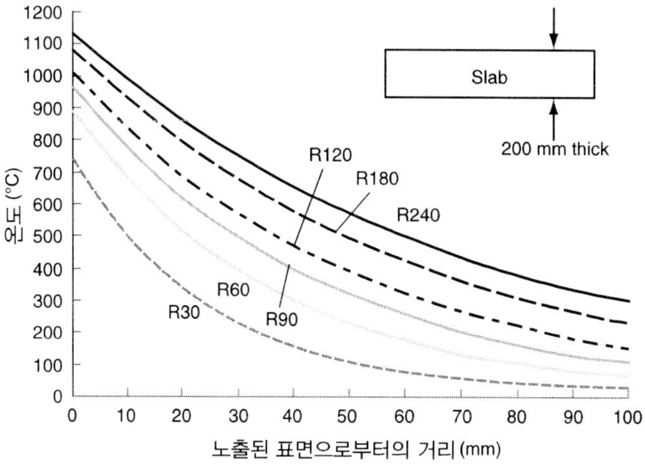

그림 4.7 높이가 200mm인 슬래브에 대한 온도형상

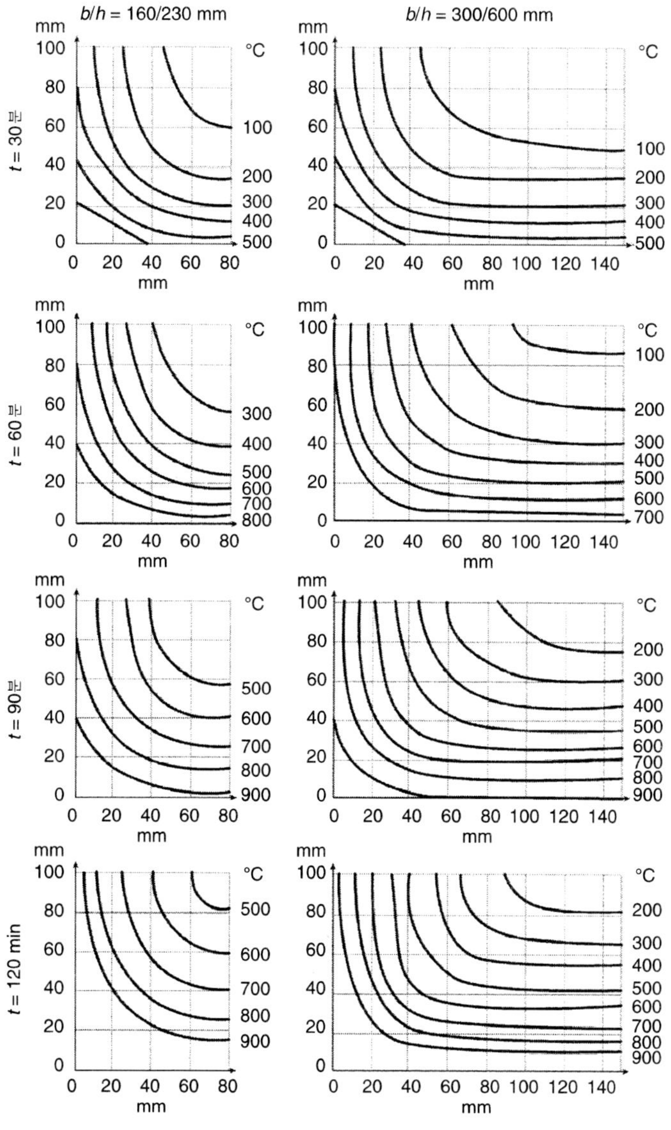

그림 4.8 폭 대 높이 비율이 다양한 보에 대한 온도형상

CHAPTER

05

정적하중

내화구조설계 가이드북

STRUCTURAL
FIRE ENGINEERING
DESIGN
GUIDEBOOK

05
CHAPTER

정적하중

5.1 개요

화재가 발생하는 동안에 구조재의 성능을 정확하게 평가하려면 온도 증가에 따른 재료 물성의 감소에 대한 지식이 있어야 하고 화재 발생 시에 구조물에 작용하는 하중을 정확하게 파악해야 한다. 하중 효과는 화재가 발생하는 동안 구조물에 큰 영향을 미치며 표준화재시험 동안 준비되어 있는 실제적인 하중 수준에 대한 요구사항에서 반영된다. 하중 조건이 내화성에 미치는 영향은 오랫동안 알려져 왔으며, 영국의 강구조 내화설계 기준에 특별히 계산모델로 반영되었다(BS 5950 Part 8).[12] 유로코드에는 강구조와 강합성 구조뿐만 아니라 콘크리트 부재에 대한 하중 효과가 포함되어 있다. 각 국가 기준에서 콘크리트 구조의 성능에 대한 하중의 효과를 명시적으로 반영한 것이 없는 점을 감안할 때 이는 중요한 발전이다.

5.2 하중에 대한 부분안전계수

화재한계상태에 대해 하중 효과를 계산하는 것은 현행 국가 기준에서 채택한 절차와는 차이점이 있다. 설계자는 (상온 시 설계에 관한) 소요 하중조합이 제시되어 있는 EN 1990[6] (설계의 기본 원칙)뿐만 아니라 온도 해석을 위한 열하중에 사용 가능한 방법을 제시하는 한편 (3장 참조) 구조적 거동에 대한 기계적 성질을 규정하는 EN 1991-1-2 (화재 시 하중 조건 규정)에도 친숙해야 한다. 특히 EN 1991-1-2에서는 화재한계상태에 대하여 (주요 활하중에 대한) 하중 조건에 대한 부분안전계수도 규정한다. 화재 시 하중 조건은 다음과 같이 극한한계상태의 우발적인 설계조건이다 (EN 1990[6] 참조).

$$E_{\mathrm{d}} = E(G_{\mathrm{k,j};}P;A_{\mathrm{d}};(\Psi_{1,1}\text{ 또는 }\Psi_{2,1})Q_{\mathrm{k,1}};\Psi_{2,\mathrm{i}}Q_{\mathrm{k,i}})\ \text{for } j \geq 1; i > 1 \tag{5.1}$$

여기서,

E 하중 효과 (E_{d}는 작용 하중에 대한 설계 기준값)

G 고정하중

P 프리스트레싱 작용에 대한 대표값(존재하는 경우)

A_d 우발적인 효과에 대한 설계값

Ψ_1 활하중에 대한 변동계수

Ψ_2 반영구적인 하중에 대한 변동계수

Q_{k} 단일 활하중의 특성값 ($Q_{\mathrm{k,1}}$은 주요 활하중에 대한 특성값이며 부과된 하중인 경우가 많다)

화재 시에 A_{d}는 구조물에 대한 화재 자체의 효과이다. 즉, 제한된 열팽창, 온도구배 등

표 5.1 영국의 Ψ_{fi} 값

하중	Ψ_1	Ψ_2
건물에 작용하는 하중		
범주 A: 주택, 주거시설	0.5	0.3
범주 B: 사무실	0.5	0.3
범주 C: 집회시설	0.7	0.6
범주 D: 쇼핑시설	0.7	0.6
범주 E: 창고	0.9	0.8
범주 F: 교통시설 ≤30kN	0.7	0.6
범주 G: 교통시설 30 - 160kN	0.5	0.3
범주 H: 지붕층	0	0
적설하중: H ≤ 1000m a.s.l.	-	0
건물에 작용하는 풍하중	0.2	0

의 효과이다. 하지만 EN 1991-1-2에는 다음과 같이 제시되어 있다.
표준화재 조건에서 부재의 화재안전에 대한 요구 조건을 고려할 때 인접 부재에 의해 간접적으로 발생하는 효과는 고려할 필요가 없다.
또한, 다음과 같은 사항도 제시되어 있다.

화재 노출에 의한 온도 변화로 발생하거나 제한된 열팽창 및 변형으로 발생하는 효과, 예를 들어 다음과 같은 경우를 제외한 하중과 모멘트에 대해 고려해야 한다.

- *경험적으로 무시할 수 있거나 우호적이라고 간주할 수 있는 경우*
- *화재조건에 대해 지점 조건이나 경계조건이 보수적으로 선택되었거나 보수적으로 규정*한 화재 안전 요구사항에 의해 내재적으로 고려되는 경우

EN 1990에서는 주요 가변효과(일반적으로 부과된 하중)에 대해 ψ_1이나 ψ_2를 사용하는 것을 허용한다. EN 1991-1-2에서는 ψ_2를 사용할 것을 권장한다. 하지만 영국의 국가 부속서(UK National Annex)에서는 표 5.1에서 자세히 설명한 것처럼 ψ_1을 사용할 것을 권장한다.
콘크리트 구조에서 (일반적인 강구조 골조와 비교하여) 작용 하중에 대해 고정하중의 비율이 비교적 높은 경우 이 접근법을 적용할 때의 이점은 크지 않다. 상세한 계산과정은 예제풀이 과정에서 다루고 있다. 고정하중과 작용 하중의 비율과 감소계수 사이의 관계는 그림 5.1에 나타내었다.

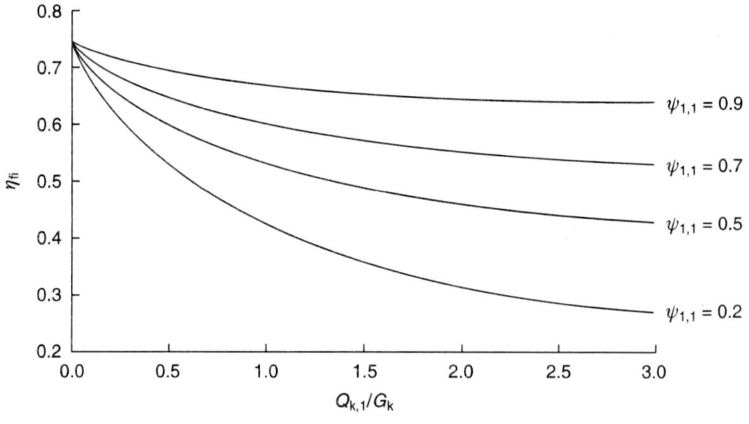

그림 5.1 ψ_{fi}의 값에 대한 고정하중과 작용 하중의 비율과 감소계수 η_{fi}의 관계

5.3 설계하중

설계 예제를 통하여 화재한계상태에 대한 감소된 부분계수의 개념을 설명한다. 이 계산 과정에서는 6m × 9m의 바닥 면적에 작용하는 하중을 지지하는 6층 가새골조 기둥의 설계에 관한 것이다. 적절한 부분계수를 사용하여 화재한계상태에서 기둥의 설계 축력을 계산하고자 한다.

5.3.1 하중

고정하중(G)

바닥 면적에 대한 균등 분포 하중(UDL) $G_k = 2.00\text{kN/m}^2$

활하중(Q)

바닥 면적에 대한 균등 분포 하중(UDL) $Q_k = 3.50\text{kN/m}^2$

5.3.2 상온 시 설계하중

하중계수

고정하중에 대한 부분 하중계수 $\gamma_G = 1.35$ (EN 1990 표 A1.2B 및 NA)

활하중에 대한 부분 하중계수 $\gamma_Q = 1.50$ (EN 1990 표 A1.2B 및 NA)

설계하중 – 극한한계상태

바닥 면적당 UDL $W = (\gamma_G G_k) + (\gamma_Q Q_k) = 7.95\,\text{kN/m}^2$

설계 축력 $N_{Ed} = 6\text{m} \times 9\text{m} \times W \times 5 = 2146.50\,\text{kN}$

5.3.3 화재한계상태 설계하중

화재한계상태에 대해서는 부분 하중계수(γ_i)를 고정하중이나 활하중에 적용하지 않는다. 활하중에 대한 조합계수 Ψ_1 = 0.50. 이 값은 표 5.1에서 사무실에 해당하는 ψ_1 = 0.5를 사용한다.

비고: EN 1990에서는 주요 활하중과 함께 Ψ_1 이나 Ψ_2 를 사용하는 것을 허용한다. 이에

대해서는 국가별 부속 규정을 따르게 된다. EN 1991-1-2에서는 Ψ_2를 사용할 것을 권장한다. 하지만 영국의 부속 규정에서는 Ψ_1을 사용하는 것을 규정하고 있다.

5.3.4 설계하중 – 화재 시 극한한계상태 설계조건

바닥 면적당 UDL $W = G_k + (\Psi_1 Q_k) = 3.75\text{kN/m}^2$

설계 축력 $N_{Ed} = 6\text{m} \times 9\text{m} \times W \times 5 = 1012.50\,\text{kN}$

5.4 하중 수준, 하중 강도 및 이용률의 정의

유럽의 설계기준에 따라서 용어에 약간의 차이는 있지만 하중비, 하중 수준, 하중 강도 또는 이용률(degree of utilization)의 기본 개념은 같다. 화재한계상태에서 부재의 성능은 화재 발생시 작용하는 하중을 상온 시 부재의 하중 지지력과 비교하여 평가한다. 하중비의 개념을 설계표 데이터와 함께 적용하면 잠재적으로 광범위하게 적용할 수 있는 일반적인 설계법이기 때문에 매우 유용하다.
유로코드에서는 화재 시 설계기준에서 화재한계상태에 대한 감소계수의 개념을 적용한다.

여기서,

감소계수 $\eta_{fi} = (G_k + \Psi_{fi} Q_{k1}) / (\gamma_G G_k + \gamma_{Q,1} Q_{K,1})$ (EN 1990의 하중조합 (6.10)에 대한 감소계수)

EN 1992-1-2에서는 작용 하중과 관련하여 두 개의 계수를 사용하며(하중 수준과 이용률), 다음과 같이 정의한다.

5.4.1 하중 수준(n)

하중 수준(Load level)은 철근콘크리트 기둥의 내화성을 결정하는 데 사용되며, 화재 시에 부과되는 하중과 상온 시의 하중에 대한 성능과 관계가 있다.

$$n = N_{0\mathrm{Ed,fi}}/[0.7(A_c f_{cd} + A_s f_{yd})] \tag{5.2}$$

여기서,

$N_{0\mathrm{Ed,fi}}$ 화재 시 축하중 (kN)

A_c 콘크리트의 단면적 (mm^2)

$f_{c,d}$ 콘크리트 설계압축강도 ($\mathrm{N/mm}^2$)

A_s 강재의 단면적 (mm^2)

f_{yd} 강재의 설계인장강도 ($\mathrm{N/mm}^2$)

화재 시에 부과되는 하중은 화재한계상태에서 하중에 어떤 부분계수를 적용하느냐에 따라 달라진다. 부분계수의 선택은 국가별로 결정된 변수(Nationally Determined Parameter, NDP)이며 국가 단체의 재량에 따라 결정된다. EN 1990에는 사용 가능한 값이 제시되어 있으며, EN 1991의 화재에 관련 기준의 국가 부속 규정에 따른다. 가장 일반적인 경우(주거와 사무실 용도)에 대하여 부과된 하중에 대한 부분계수의 값은 0.5이다 즉, 0.5×상온 시의 값. 정확하게 계산하는 것이 아니라면 하중 수준을 계산할 때 보수적으로 $N_{0\mathrm{Ed,fi}}$를 $0.7N_{0\mathrm{Ed}}(\eta_{\mathrm{fi}} = 0.7)$로 사용할 수 있다.

5.4.2 이용률 (μ_{fi})

이용률(Degree of utilization)은 화재한계상태에서 작용하는 하중의 상온에서 작용하는 하중에 대한 비율이며 앞서 논의한 것처럼 화재한계상태에 대한 부분계수의 선택에 따라 결정된다. 이는 기둥과 내력벽의 설계에 사용된다.

$$\mu_{fi} = \frac{N_{\mathrm{Ed,fi}}}{N_{\mathrm{Rd}}} \tag{5.3}$$

여기서, $N_{\mathrm{Ed,fi}}$는 화재 상황에서의 설계 축하중(kN)이고 N_{Rd}는 상온 조건에서 기둥의 내력이다(kN).

감소계수 η_{fi}는 상온 조건에서 부재에 전체가 하중에 지지한다고 가정하기 때문에 보수적으로 설계하중 수준에 대해 μ_{fi} 대신 감소계수 η_{fi}를 사용할 수 있다. EN 1994-1-2

에서 설계표 데이터는 일반적으로 내화설계에 대한 하중 수준(η_{fi})에 따라 달라지며, 이 값은 위의 식으로 명시적으로 계산하거나 보수적으로 0.65로 적용할 수 있다.

CHAPTER

06

재료의 열적 특성과 기계적 성질

내화구조설계 가이드북

STRUCTURAL
FIRE ENGINEERING
DESIGN
GUIDEBOOK

06 CHAPTER

재료의 열적 특성과 기계적 성질

6.1 개요

EN 1992-1-2, EN 1993-1-2 및 EN 1994-1-2에서는 열간압연 탄소강, 스테인리스강, 경량형강, 보통 중량 규산질 골재 콘크리트, 경량 콘크리트, 철근, 볼트 및 용접부의 재료 특성에 관한 기준을 제시하고 있다.

6.2 강재

열간압연 탄소강은 300℃ 이상의 온도에서 강도가 저하되기 시작하여 800℃까지 일정한 비율로 감소한다. 감소한 잔존강도는 이후에 약 1,500℃의 녹는점에 도달할 때까지 서서히 감소한다. 이러한 특성은 열간압연 철근에서도 유사하게 나타난다. 냉간성형한 철근과 강재에서 강도가 300℃ 이후에 더욱 급격히 저하된다. 강재는 재료의 강도와 강성이 감소하는 것 이외에 450℃ 이상의 온도에서 크리프 현상도 크게 나타난다.
고온 크리프는 재료의 응력 수준과 가열 속도에 따라 달라진다. 크리프가 발생한다는 것은 화재 발생 시에 강구조물의 강도 및 변형 거동을 추정할 때 응력과 온도 이력을 고려해야 한다는 것을 나타낸다. 해석모델에서 크리프를 직접적으로 포함시키는 것은 복잡하다. 유로코드에 나와 있는 약산법에서 크리프의 효과를 응력-변형-온도 관계에서 내재적으로 고려한다는 것은 널리 인정되고 있는 사항이다.
고온에서 다음과 같은 유형의 강재의 열적 특성과 기계적 성질을 논의한다.

- 열간압연 탄소강
- 스테인리스강
- 경량형강

6.2.1 열간압연 탄소강

EN 1993-1-2에서는 EN 10025에 따라 S235, S275 및 S355 등급의 열간압연 강재에 대한 재료 물성을 제공한다.

6.2.1.1 열적 특성

강재의 열팽창, 열전도율 및 비열은 강재의 온도에 따라 달라진다.
강재의 열팽창률 $\Delta l/l$은 다음과 같이 결정할 수 있다.

$$\Delta l/l = 1.2\times10^{-5}\theta_a + 0.4\times10^{-8}\theta_a^2 - 2.416\times10^{-4} \text{ for } 20℃ \le \theta_a < 750℃ \quad (6.1a)$$

$$\Delta l/l = 1.1\times10^{-2} \text{ for } 750℃ \le \theta_a \le 860℃ \quad (6.1b)$$

$$\Delta l/l = 2\times10^{-5}\theta_a - 6.2\times10^{-3} \text{ for } 860℃ < \theta_a \le 1200℃ \quad (6.1c)$$

여기서,

l 20℃ 에서의 길이
Δl 온도에 따른 열변형
θ_a 강재의 온도(℃)

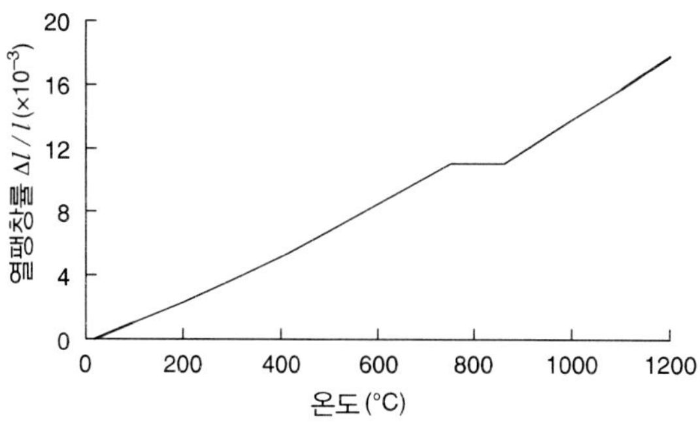

그림 6.1 온도에 따른 탄소강의 열팽창률

온도에 따른 열팽창의 변화를 그림 6.1에 나타내었다. 강재의 비열 c_a(J/kgK)는 다음과 같이 결정할 수 있다.

$$c_a = 425 + 7.73 \times 10^{-1}\theta_a - 1.69 \times 10^{-3}\theta_a^2 + 2.22 \times 10^{-6}\theta_a^3$$
$$\text{for } 20℃ \le \theta_a < 600℃ \quad (6.2a)$$

$$c_a = 666 + 13{,}002/(738 - \theta_a) \quad \text{for } 600℃ \le \theta_a < 735℃ \quad (6.2b)$$

$$c_a = 545 + 17{,}820/(\theta_a - 731) \quad \text{for } 735℃ \le \theta_a < 900℃ \quad (6.2c)$$

$$c_a = 650 \quad \text{for } 900℃ \le \theta_a \le 1200℃ \quad (6.2d)$$

온도에 따른 비열의 변화를 그림 6.2에 나타내었다. 강재의 열전도율 λ_a(W/mK)는 다음과 같이 결정할 수 있다.

$$\lambda_a = 54 - 3.33 \times 10^{-2}\theta_a \quad \text{for } 20℃ \le \theta_a < 800℃ \quad (6.3a)$$

$$\lambda_a = 27.3 \quad \text{for } 800℃ \le \theta_a < 1200℃ \quad (6.3b)$$

온도에 따른 열전도율의 변화를 그림 6.3에 나타내었다.

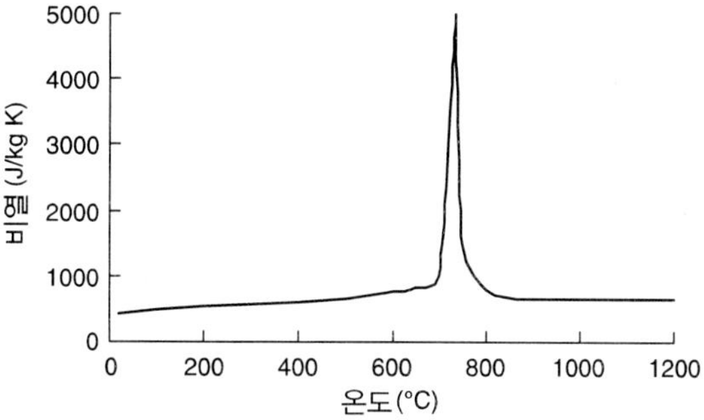

그림 6.2 온도에 따른 탄소강의 비열

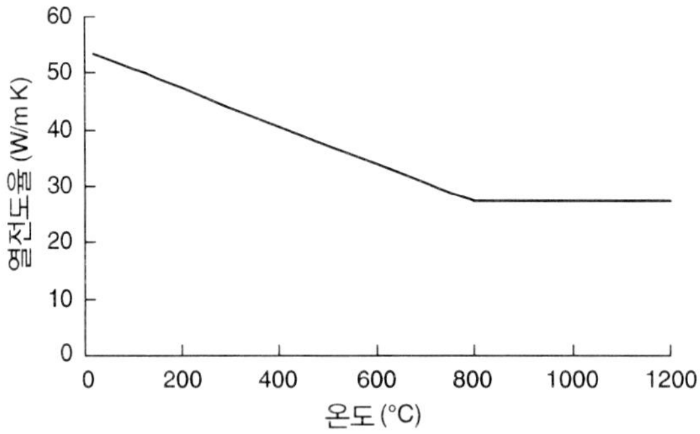

그림 6.3. 온도에 따른 탄소강의 열전도율

6.2.1.2 기계적 성질

고온에서 탄소강의 응력-변형률 거동에서는 항복구간이 분명하게 나타나지 않으며 변형경화가 소성 범위 전체에서 발생한다. British Steel(현재 Corus)에서는 내화구조설계에 적용하기 위한 고온시 데이터를 제공하기 위하여 1980년대에 BS 4360: 43A와 50B등급 강재에 대한 방대한 규모의 소규모 과도상태(transient) 인장시험을 수행하였다. 표준화재시험에서 보와 기둥의 거동을 나타내기 위하여 5~20℃/min의 범위로 가열 속도를 결정하였다.

시험 결과에서 탄소강은 300℃ 이상의 온도에서 강도가 저하되기 시작하여 800℃까지 일정한 비율로 강도가 감소하는 것으로 나타났다. 고온에서는 20℃에서 나타나는 항복구간이 변형증가(또는 변형경화)에 따른 강도의 점진적인 증가로 대체된다.

EN 1993-1.2에서는 British Steel의 데이터를 기준으로 표 6.1에 나타낸 것처럼 유효항복강도, 비례한계, 그리고 선형구간에서의 탄성계수에 대한 감소계수를 정의하고 있다. 유효항복강도는 2% 변형률과 관계된다. 그림 6.4에는 온도에 따른 감소계수의 변화를 나타내고 있다.

EN 1993-1.2에 제시되어 있는 고온에서의 강재에 대한 응력-변형률 모델의 기본 특성에 따라 유효항복강도, 비례한계 및 선형구간의 탄성계수를 정의한다. 그림 6.5에서 그래프의 첫 번째 구간은 비례한계 $f_{p,\theta}$에 대한 직선이고 탄성계수 $E_{a,\theta}$는 이 직선구간의 기울기와 같다. 두 번째 구간은 탄성에서 소성으로의 전이구간을 나타낸다. 이 구간은 유효항복강도 $f_{y,\theta}$까지 타원형으로 증가하는 것으로 공식화한다. 세 번째 구간은 한계변형까지의 강도증가가 없는 항복구간이다. 마지막 구간은 극한 변형에서 응력 소실점으로 감소하는 직선으로 표현한다.

온도가 상승했을 때의 감소계수를 비교하면(표 6.1 참조) 강재의 탄성계수는 강도보다 더 빠르게 감소한다는 것을 알 수 있다. 이것은 온도가 증가하면 강재 부재의 파괴모드가 변경될 수 있다는 것을 나타낸다. 예를 들어 상온 시 극한하중에서 소성힌지가 발생하도록 설계된 춤이 큰 H형강으로 제작된 강재보는 온도가 상승했을 때 조기에 웨브 좌굴이 발생할 수도 있다.

표 6.1 온도에 따른 강재의 응력–변형률 관계에 대한 감소계수

강재 온도 θ_a(℃)	유효항복강도 감소계수 $k_{y,\theta}=f_{y,\theta}/f_y$	비례한계 감소계수 $k_{p,\theta}=f_{p,\theta}/f_y$	탄성계수 감소계수 $k_{E,\theta}=E_{a,\theta}/E_a$
20	1.000	1.000	1.000
100	1.000	1.000	1.000
200	1.000	0.827	0.900
300	1.000	0.613	0.800
400	1.000	0.420	0.700
500	0.780	0.360	0.600
600	0.470	0.180	0.310
700	0.230	0.075	0.130
800	0.110	0.050	0.090
900	0.060	0.0375	0.0675
1000	0.040	0.0250	0.0450
1100	0.020	0.0125	0.0225
1200	0.000	0.0000	0.0000

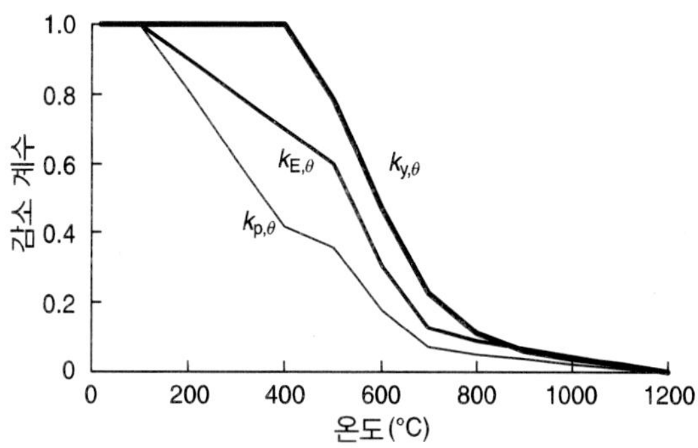

그림 6.4 온도에 따른 탄소강의 응력–변형률 관계에 대한 감소계수

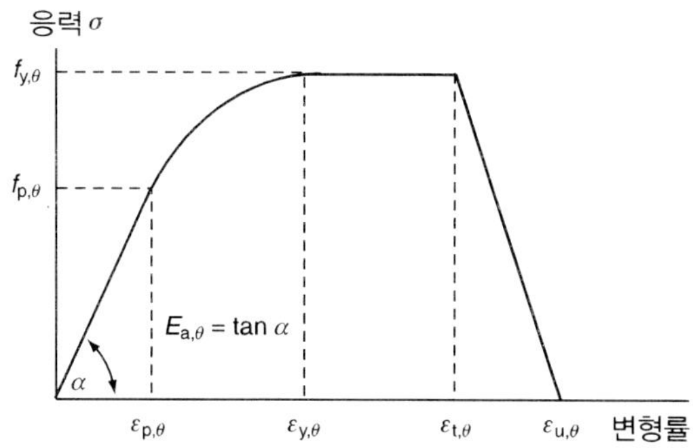

그림 6.5 고온에서 탄소강의 응력-변형률 관계

EN 1993-1-2에서는 그림 6.6에 나타난 것처럼 고온에서 강재의 응력-변형률 관계에 대한 자세한 수식을 제시하고 있다.

크리프의 효과는 내재적으로 고려되며, 재료모델은 2~50K/min의 가열온도에 적용할 수 있다.

변형률 구간	응력 $\sigma_a(\theta_a)$	탄성계수
$\varepsilon \le \varepsilon_{p,\theta}$	$\varepsilon E_{a,\theta}$	$E_{a,\theta}$
$\varepsilon_{p,\theta} < \varepsilon < \varepsilon_{y,\theta}$	$f_{p,\theta} - c + \frac{b}{a}\sqrt{a^2 - (\varepsilon_{y,\theta} - \varepsilon)^2}$	$\frac{b(\varepsilon_{y,\theta} - \varepsilon)}{a\sqrt{a^2 - (\varepsilon_{y,\theta} - \varepsilon)^2}}$
$\varepsilon_{y,\theta} \le \varepsilon \le \varepsilon_{t,\theta}$	$f_{y,\theta}$	0
$\varepsilon_{t,\theta} < \varepsilon < \varepsilon_{u,\theta}$	$f_{y,\theta}[1 - (\varepsilon - \varepsilon_{t,\theta})/(\varepsilon_{u,\theta} - \varepsilon_{t,\theta})]$	-
$\varepsilon = \varepsilon_{u,\theta}$	0.00	-
변수	$\varepsilon_{p,\theta} = f_{p,\theta}/E_{a,\theta}$ $\varepsilon_{y,\theta} = 0.02$ $\varepsilon_{t,\theta} = 0.15$ $\varepsilon_{u,\theta} = 0.20$	
수식	$a^2 = (\varepsilon_{y,\theta} - \varepsilon_{p,\theta})(\varepsilon_{y,\theta} - \varepsilon_{p,\theta} + c/E_{a,\theta})$ $b^2 = c(\varepsilon_{y,\theta} - \varepsilon_{p,\theta})E_{a,\theta} + c^2$ $c = (f_{y,\theta} - f_{p,\theta})^2 / [(\varepsilon_{y,\theta} - \varepsilon_{p,\theta})E_{a,\theta}) - 2(f_{y,\theta} - f_{p,\theta})]$	

여기서,

$f_{y,\theta}$ 고온에서의 유효항복강도
$f_{p,\theta}$ 고온에서의 비례한계
$E_{a,\theta}$ 고온에서의 선형 탄성계수
E 상온에서의 선형 탄성계수
$\varepsilon_{p,\theta}$ 고온에서의 비례한계에서의 변형률
$\varepsilon_{y,\theta}$ 고온에서의 항복변형률
$\varepsilon_{t,\theta}$ 고온에서의 항복강도에 대한 한계변형률
$\varepsilon_{u,\theta}$ 고온에서의 극한변형률

그림 6.6 고온에서 탄소강의 응력-변형률 관계 수식

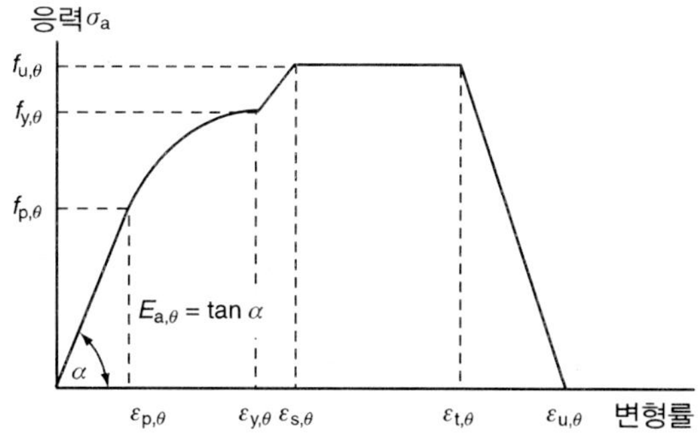

그림 6.7 변형경화를 포함한 고온에서 탄소강의 응력–변형률 관계

EN 1993-1-2에서는 국부좌굴이나 전체좌굴이 발생하여 조기붕괴로 이어지지 않는다는 전제조건에서 400℃ 이하의 강재의 온도에 대한 변형경화를 포함하도록 응력-변형률 관계를 더욱 확장하였다 (그림 6.7). 이 경우에는 그림 6.6의 수식을 다음과 같이 수정해야 한다.

$0.02 < \varepsilon < 0.04$인 경우

$$\sigma_a = 50(f_{u,\theta} - f_{y,\theta})\varepsilon + 2f_{y,\theta} - f_{u,\theta}$$

$0.04 \le \varepsilon \le 0.15$인 경우

$$\sigma_a = f_{u,\theta}$$

$0.15 < \varepsilon < 0.20$인 경우

$$\sigma_a = f_{u,\theta}[1 - 20(\varepsilon - 0.15)]$$

$\varepsilon \ge 0.20$인 경우

$$\sigma_a = 0.0$$

여기서, $f_{u,\theta}$는 변형경화를 고려한 고온에서의 인장강도이다. 고온에서 변형경화를 고려한 인장강도 $f_{u,\theta}$는 다음과 같이 결정해야 한다.

$\theta_a < 300$℃ 인 경우

$$f_{u,\theta} = 1.25 f_{y,\theta}$$

300℃ $\le \theta_a <$ 400℃ 인 경우

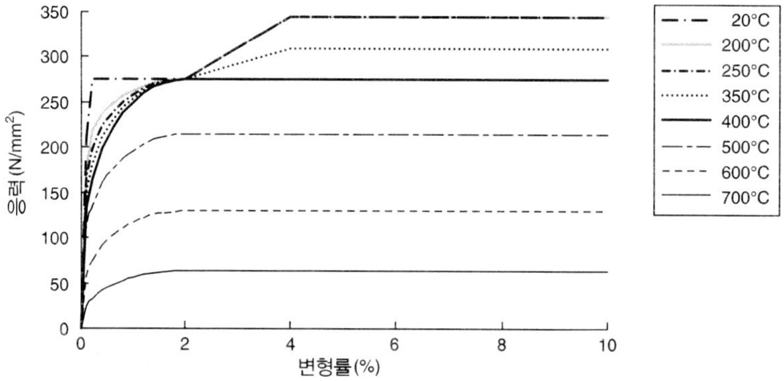

그림 6.8 변형경화를 고려한 고온시 S275 강재의 응력-변형률 관계

$$f_{u,\theta} = f_{y,\theta}(2 - 0.0025\theta_{a})$$

$\theta_a \geq 400$℃ 인 경우

$$f_{u,\theta} = f_{y,\theta}$$

그림 6.8은 고온에서 변형경화를 고려한 S275 강재의 응력-변형률 관계를 나타낸다.

6.2.2 스테인리스강

스테인리스강에는 부식과 열에 저항하는 철 기반의 물질이 광범위하게 포함되며 10% 이상의 크롬, 최대 1.2%의 탄소, 그리고 기타 합금 원소가 포함된다. 스테인리스강은 야금 구조에 따라 오스테나이트, 페라이트, 마르텐사이트, 듀플렉스 및 석출 경화 종류의 5개 기본 종류로 분류한다. 오스테나이트 및 듀플렉스 스테인리스강은 주로 용접성이 우수하기 때문에 건축 및 구조재로 가장 널리 사용된다.

EN 1993-1-2의 부록 C에는 스테인리스강의 등급 1.4301, 1.4401, 1.4571, 1.4003 및 1.4462에 대한 고온에서의 재료 특성에 관한 지침이 제시되어 있다. 그리고 설계기준에서는 다른 스테인리스강의 등급에 대해서 기계적 성질은 열간압연 탄소강에 대한 기계적 성질을 사용할 수 있고, 열적 특성에 대해서는 일반적인 스테인리스강의 물성값을 사용하도록 제안하고 있다.

6.2.2.1 열적 특성

스테인리스강과 탄소강은 열적 특성의 차이가 크다. 주요 차이점은 다음과 같다.

- 스테인리스강은 상변화가 발생하지 않기 때문에 스테인리스강의 열팽창률은 탄소강과 비교하여 1,200℃까지는 비교적 일정한 값을 유지한다.
- 스테인리스강의 열팽창은 탄소강의 열팽창보다 크다.
- 고온에서 스테인리스강의 비열은 탄소강과 비교하면 크게 증가하지 않는다. 탄소강은 730℃에서 페라이트-펄라이트가 오스테나이트로 화학적으로 변화되어 비열이 크게 증가한다.
- 상온에서 스테인리스강의 열전도율은 탄소강보다 훨씬 낮다. 하지만 스테인리스강의 열전도율은 온도 증가에 따라 증가하며, 1,000℃를 넘으면 탄소강의 값을 초과한다.

오스테나이트 스테인리스강의 열팽창률 $\Delta l/l$은 다음과 같이 결정할 수 있다.

$$\Delta l/l = (16 + 4.76 \times 10^{-3}\theta_a - 1.243 \times 10^{-6}\theta_a^2) \times (\theta_a - 20) \times 10^{-6} \qquad (6.4)$$

여기서,

l	상온에서의 스테인리스강 부재의 길이
Δl	스테인리스강 부재의 열변형
θ_a	강재의 온도(℃)

온도에 따른 열팽창률의 변화를 그림 6.9에 나타내었다.

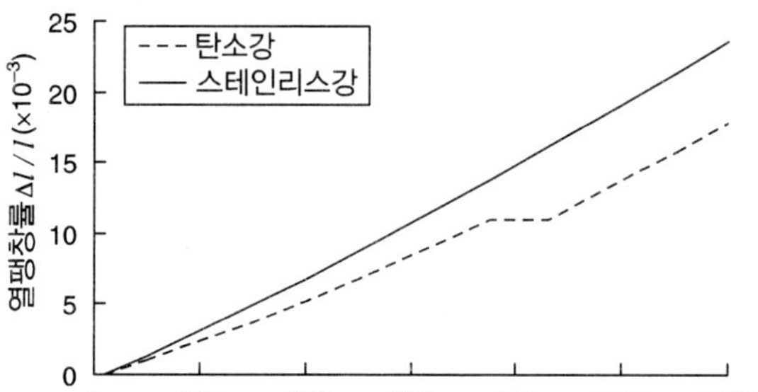

그림 6.9 온도에 따른 스테인리스강의 열팽창률

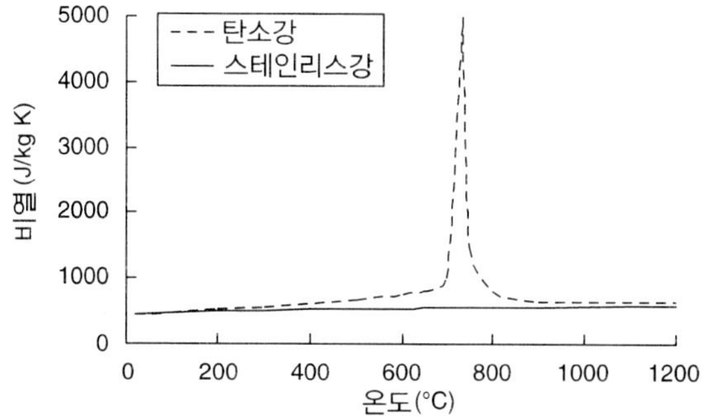

그림 6.10 온도에 따른 스테인리스강의 비열

스테인리스강의 비열 c_a(J/kgK)는 다음과 같이 결정할 수 있다.

$$c_a = 450 + 0.28 \times \theta_a - 2.91 \times 10^{-4}\theta_a^2 + 1.34 \times 10^{-7}\theta_a^3 \tag{6.5}$$

온도에 따른 비열의 변화를 그림 6.10에 나타내었다.
스테인리스강의 열전도율 λ_a(W/mK)는 다음과 같이 결정할 수 있다.

$$\lambda_a = 14.6 + 1.27 \times 10^{-2}\theta_a \tag{6.6}$$

온도에 따른 열전도율의 변화를 그림 6.11에 나타내었다.

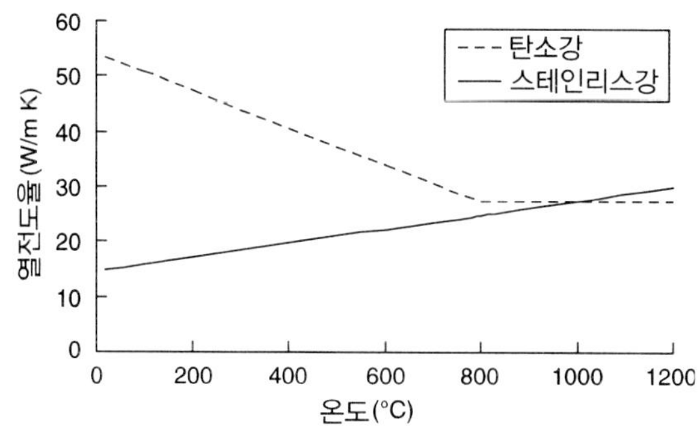

그림 6.11 온도에 따른 스테인리스강의 열전도율

6.2.2.2 기계적 성질

EN 1993-1-2에 제시되어 있는 고온에서의 스테인리스강에 대한 응력-변형률 관계는 2~50K/min의 가열 조건에서 적용할 수 있다. 그림 6.12에 자세한 수식이 제시되어 있다. EN 1993-1-2의 부록 C에는 다음과 같이 고온에서 스테인리스강의 종류에 따른 응력-변형률 관계에 대하여 20℃에서의 해당 값에 대한 감소계수가 제시되어 있다.

- 20℃에서의 선형 탄성계수에 따른 감소계수: $k_{E,\theta} = E_{a,\theta}/E_a$
- 20℃에서의 0.2% 옵셋 항복강도에 따른 감소계수: $k_{0.2p,\theta} = f_{0.2p,\theta}/f_y$
- 20℃에서의 인장강도에 따른 감소계수: $k_{u,\theta} = f_{u,\theta}/f_u$

또한, 설계기준에는 약산법에서 사용할 수 있는 항복강도에 대한 보정계수 $k_{2\%,\theta}$가 제시되어 있다. 약산법에서 사용하는 유효항복강도는 아래와 같이 옵셋 강도 $f_{0.2p,\theta}$와 인장강도 f_u 사이의 값이 되어야 한다고 가정한다.

$$f_{y,\theta} = f_{0.2p,\theta} + k_{2\%,\theta}(f_{u,\theta} - f_{0.2p,\theta}) \tag{6.7}$$

여기서, 다양한 스테인리스강 종류에 대한 $k_{2\%,\theta}$는 EN 1993-1-2의 부록 C에 제시되어 있는 것과 같이 0.19~0.47의 값이다.
표 6.2와 그림 6.13에는 스테인리스강 1.4301에 대해 위에서 언급한 감소계수가 제시되어 있다. EN 1993-1-2의 부속서 C에는 다른 스테인리스강의 종류에 대한 값이 제시되어 있다.

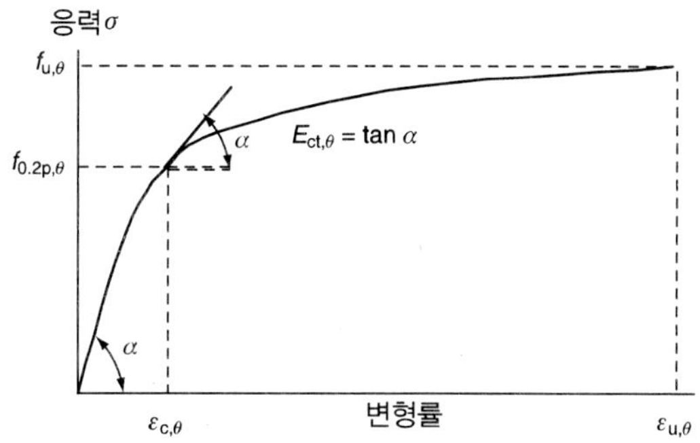

변형률 구간	응력 σ	탄성계수 E_t
$\epsilon \le \epsilon_{c,\theta}$	$\frac{E_\epsilon}{1+a\epsilon^b}$	$\frac{E(1+a\epsilon^b-ab\epsilon^b)}{(1+a\epsilon^b)^2}$
$\epsilon_{c,\theta} < \epsilon < \epsilon_{u.\theta}$	$f_{0.2p,\theta}-e+\frac{d}{c}\sqrt{c^2-(\epsilon_{u.\theta}-\epsilon)^2}$	$\frac{d+(\epsilon_{u.\theta}-\epsilon)}{c\sqrt{c^2-(\epsilon_{u,\theta}-\epsilon)^2}}$
변수	$\epsilon_{c.\theta}=f_{0.2p.\theta}/E_{a.\theta}+0.02$	
수식	$a=\frac{E_{a,\theta}\epsilon_{c,\theta}-f_{0.2p.\theta}}{f_{0.2p,\theta}\epsilon_{c,\theta}^{b}}$ $\quad b=\frac{(1-\epsilon_{c,\theta}E_{ct.\theta}/f_{0.2p,\theta})E_{a.\theta}\epsilon_{c,\theta}}{(E_{a.\theta}\epsilon_{c,\theta}/f_{0.2p,\theta}-1)f_{0.2p.\theta}}$ $c^2=(\epsilon_{u,\theta}-\epsilon_{c,\theta})(\epsilon_{u,\theta}-\epsilon_{c,\theta}+\frac{e}{E_{ct.\theta}}$ $d^2=e(\epsilon_{u.\theta}-\epsilon_{c,\theta})E_{ct,\theta}+e^2$ $e=\frac{(f_{u.\theta}-/f_{0.2p.\theta})^2}{(\epsilon_{u,\theta}-\epsilon_{c,\theta})E_{ct.\theta}-2(f_{u.\theta}-f_{0.2p.\theta})}$	

여기서,

$f_{u.\theta}$ 인장강도

$f_{0.2p.\theta}$ 0.2% 변형률 옵셋 강도

$E_{a.\theta}$ 선형 탄성계수

$E_{ct.\theta}$ 옵셋 강도의 기울기

$\epsilon_{c.\theta}$ 옵셋 강도에서의 총 변형률

$\epsilon_{u.\theta}$ 인장변형률

그림 6.12 고온에서 스테인리스강의 응력-변형률 관계

표 6.2 온도에 따른 스테인리스강 1.4301의 응력-변형률 관계에 대한 계수

θ_a(℃)	$E_{a,\theta}/E_a$	$f_{0.2p,\theta}/f_y$	$f_{u,\theta}/f_u$	$k_{2\%,\theta}$
20	1.00	1.00	1.00	0.26
100	0.96	0.82	0.87	0.24
200	0.92	0.68	0.77	0.19
300	0.88	0.64	0.73	0.19
400	0.84	0.60	0.72	0.19
500	0.80	0.54	0.67	0.19
600	0.76	0.49	0.58	0.22
700	0.71	0.40	0.43	0.26
800	0.63	0.27	0.27	0.35
900	0.45	0.14	0.15	0.38
1000	0.20	0.06	0.07	0.40
1100	0.10	0.03	0.03	0.40
1200	0.00	0.00	0.00	0.40

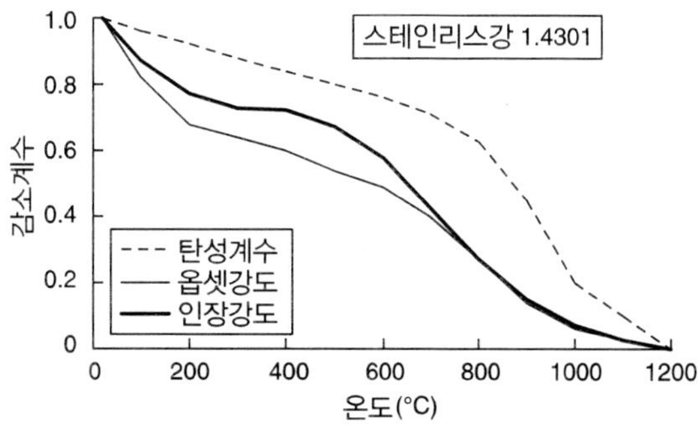

그림 6.13. 온도에 따른 스테인리스강 1.4301의 응력-변형률 관계에 대한 감소계수

6.2.3 경량형강

경량형강은 매우 다양한 형상과 프로파일로 생산할 수 있다. 전통적으로 건물이나 산업용 건축물에서 냉간성형 C형강 또는 Z형강이 주로 외장재를 지지하기 위한 지붕 퍼린(purlin)이나 사이드 레일로 흔히 사용된다. 최근에 경량형강은 강재틀, 트러스, 벽 파티션, 린텔, 바닥 조이스트 및 창고의 선반구조로 많이 사용된다.

경량형강의 주요 장점은 상온 시에 중량 대비 강도가 높다는 것이다. 냉간성형강의 경우 냉간 가공에 의해 발생하는 변형경화 때문에 재료의 항복강도와 인장강도가 증가한다. 하지만 이러한 특성 때문에 화재에 노출시에는 취약성이 증가하게 된다. 경량형강은 단면형상계수가 커서 화재에 직접 노출시 빠르게 가열되어 내화성이 저하된다. 변형경화로 인한 기계적 강도증가도 가열 중에 빠르게 제거된다.

경량형강이 영국에서 많이 사용되고 있지만 유로코드에서는 경량형강의 화재 시 성능을 간략하게만 설명하고 있다.

6.2.3.1 열적 특성

경량형강의 열적 특성은 열간압연 강재의 열적 특성과 유사하다고 가정한다.

6.2.3.2 기계적 성질

EN 1993-1-2의 부록 E에는 표 6.3과 그림 6.14에 나타낸 것과 같이 고온시 탄소강으로 제작된 4등급(세장 단면) 형강의 설계강도와 탄성계수에 대한 감소계수가 제시되어 있으며, 이 값을 경량형강에도 사용할 수 있다.

표 6.3 온도에 따른 탄소강 4등급 형강에 대한 감소계수

강재 온도 θ_a(℃)	설계강도 감소계수 $k_{p0.2,\theta}$	탄성계수 감소계수 $k_{E,\theta} = E_{a,\theta}/E_a$
20	1.00	1.00
100	1.00	1.00
200	0.89	0.90
300	0.78	0.80
400	0.65	0.70
500	0.53	0.60
600	0.30	0.31
700	0.13	0.13
800	0.07	0.09
900	0.05	0.07
1000	0.03	0.05
1100	0.02	0.02
1200	0.00	0.00

EN 1993-1-2에서는 단순하게 표현하기 위해 고온에서 4등급 형강의 설계에 대한 유효항복강도로 0.2% 옵셋강도를 보수적으로 적용한다. 열간압연 및 경량용접형강의 경우 설계강도에 대한 감소계수 $k_{p0.2,\theta}$는 다음과 같이 20℃에서의 항복강도 f_y에 대해 상대적으로 결정된다.

$$k_{p0.2,\theta} = f_{p0.2\theta}/f_y$$

여기서, $f_{p0.2,\theta}$는 유효항복강도로 정한 강재 온도 θ_a에서의 0.2% 옵셋강도이다.

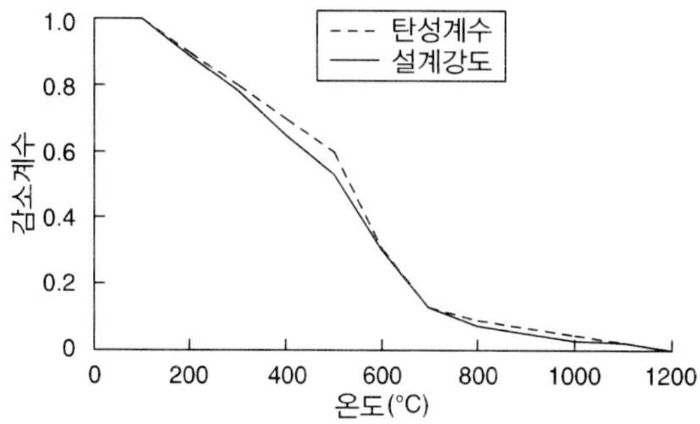

그림 6.14 온도에 따른 냉간성형강에 대한 강도 감소계수

냉간성형 경량형강의 경우에 설계강도에 대한 감소계수 $k_{\text{p0.2},\theta}$는 다음과 같이 20℃에서의 기본 항복강도 f_{yb}에 대해 상대적으로 결정된다.

$$k_{\text{p0.2},\theta} = \frac{f_{\text{p0.2},\theta}}{f_{\text{yb}}}$$

여기서, f_{yb}는 EN 1993-1-3에서 정의한 것과 같은 기본 항복강도이다.
탄성계수에 대한 감소계수는 탄소강의 값과 동일하다고 가정한다.

6.3 콘크리트

콘크리트는 비균질 물질이며 화재 성능은 골재와 시멘트 페이스트의 화재 성능에 따라 정해진다. 통상적으로 콘크리트는 사용한 골재의 밀도에 따라 보통 콘크리트 또는 경량 콘크리트로 분류한다. EN 1994에서는 콘크리트 강도 등급이 C20/25와 LC20/25보다 작거나 C60/75와 LC60/75보다 큰 합성 구조물의 설계는 다루지 않는다. 강도가 C60/75보다 큰 경우에 대한 지침이 EN 1992-1-2에 나와 있다.
콘크리트는 열전도율이 낮아서(강재보다 50배 낮음) 화재 발생 시에 매우 느리게 가열된다. 콘크리트 구조물의 고유 내화성이 우수한 이유는 열전도율이 낮기 때문이다.
EN 1994-1-2에는 보통 규산질 골재 콘크리트 및 경량 콘크리트에 대한 재료 특성이 나와 있다. 석회질 골재 콘크리트 재료 특성에 대해서는 보수적으로 규산질 골재 콘크리트 특성을 사용하거나 EN 1992-1-2를 참조할 수 있다.

6.3.1 보통 콘크리트

이 절에서는 EN 1992-1-223에 따라 규산질 또는 석회질 골재가 포함된 보통 콘크리트의 열적 특성과 기계적 성질을 설명한다. 콘크리트 강도 등급의 범위는 C12/15에서 C50/60까지이다. C12/15 강도 분류는 특성 실린더 및 큐브 강도가 각각 12N/mm^2와 15N/mm^2인 콘크리트 등급을 나타낸다.

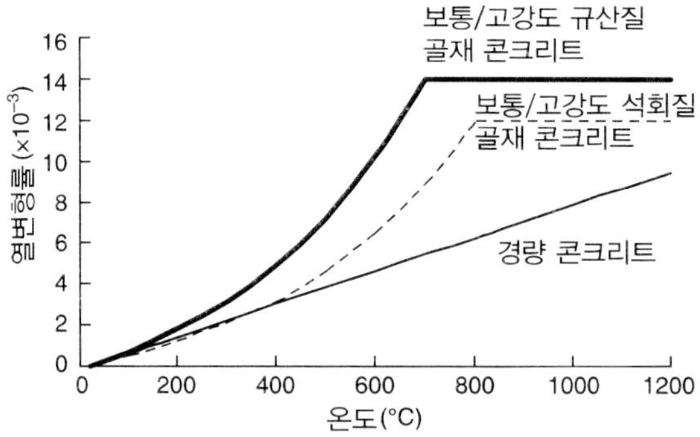

그림 6.15 온도에 따른 콘크리트의 열변형률

6.3.1.1 열적 특성

EN 1992-1-2와 EN 1994-1-2에는 일반 콘크리트의 열적 특성에 대한 온도 효과가 포함된 다음과 같은 모델이 나와 있다.

콘크리트의 열변형률(팽창) $\epsilon_{c,0}$는 다음과 같이 결정할 수 있다.

규산질 골재의 경우

$$\epsilon_{c,\theta}=\begin{cases}-1.8\times10^{-4}+9\times10^{-6}\theta+2.3\times10^{-11}\theta^3 & \text{for } 20℃\le\theta_c\le700℃\\ 14\times10^{-3} & \text{for } 700℃<\theta_c\le1{,}200℃\end{cases}\quad(6.8a)$$

석회질 골재의 경우

$$\epsilon_{c,\theta}=\begin{cases}-1.2\times10^{-4}+6\times10^{-6}\theta+1.4\times10^{-11}\theta^3 & \text{for } 20℃\le\theta_c\le805℃\\ 12\times10^{-3} & \text{for } 805℃<\theta_c\le1{,}200℃\end{cases}\quad(6.8b)$$

여기서, θ_c는 콘크리트의 온도(℃)이다.

온도에 따른 열팽창의 변화를 그림 6.15에 나타내었다.

건조한 콘크리트(즉, 자중에 대한 함수율 u = 0%)의 비열 $c_{c,\theta}$(J/kgK)는 다음과 같이 결정할 수 있다.

규산질 및 석회질 골재의 경우

$$\epsilon_{c,\theta} = \begin{cases} 900 & \text{for } 20℃ \leq \theta_c \leq 100℃ \\ 900 + (\theta - 100) & \text{for } 100℃ < \theta_c \leq 200℃ \\ 1{,}000 + (\theta - 200)/2 & \text{for } 200℃ < \theta_c \leq 400℃ \\ 1{,}100 & \text{for } 400℃ < \theta_c \leq 1{,}200℃ \end{cases} \quad (6.9)$$

온도에 따른 비열의 변화가 그림 6.16에 나타내었다.

함수율 u를 해석에서 명시적으로 고려하지 않는 경우에는 아래에 나와 있는 것처럼 115℃에서 최대값을 갖는 것으로 모델링을 할 수 있다.

$$c_c^* = \begin{cases} 1{,}470 & \text{for } u = 1.5\% \\ 2{,}020 & \text{for } u = 3.0\% \\ 5{,}600 & \text{for } u = 10.0\% \end{cases} \quad (6.10)$$

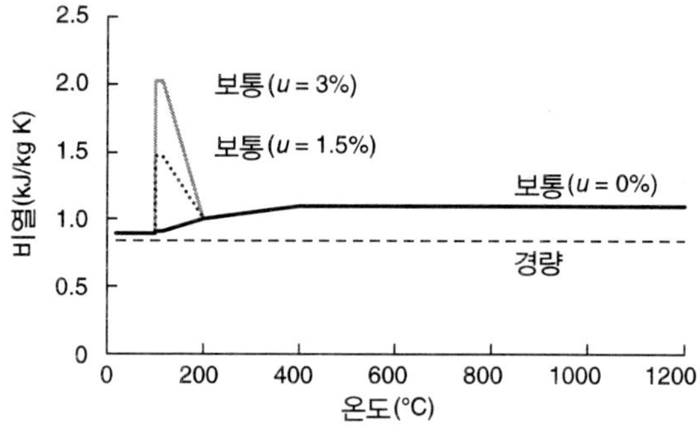

그림 6.16 온도에 따른 콘크리트의 비열

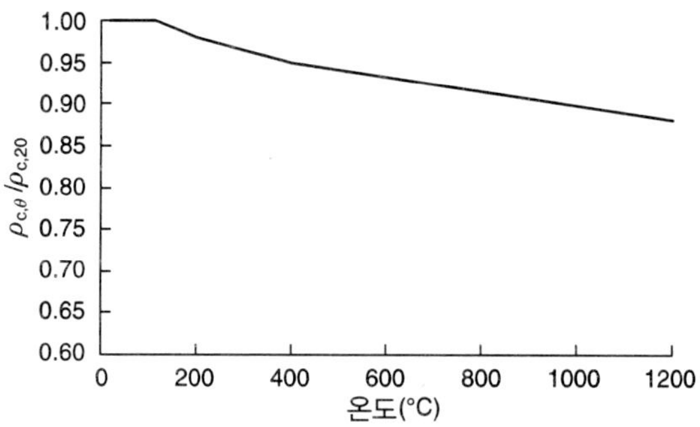

그림 6.17 온도에 따른 콘크리트의 밀도

콘크리트 충전 강관 기둥에서는 u 값이 10.0%가 될 수도 있다. 다른 함수율에 대해서는 위에 나와 있는 값들을 선형보간하여 사용할 수 있다. 비열의 피크값을 그림 6.16에 나타내었다.

온도에 따른 콘크리트의 밀도 변화 $p_{c,\theta}$는 자유수 손실의 영향을 받으며 다음과 같이 정의된다.

$$\rho_{c,\theta}=\begin{cases}\rho_{c,20} & \text{for } 20℃ \le \theta_c \le 115℃\\ \rho_{c,20}[1-0.02(\theta-115)/85] & \text{for } 115℃ < \theta_c \le 200℃\\ \rho_{c,20}[0.98-0.03(\theta-200)/200] & \text{for } 200℃ < \theta_c \le 400℃\\ \rho_{c,20}[0.95-0.07(\theta-400)/800] & \text{for } 400℃ < \theta_c \le 1{,}200℃\end{cases} \quad (6.11)$$

여기서, $\rho_{c,20}$은 상온에서의 콘크리트 밀도이다.

온도에 따른 $\rho_{c,\theta}$ 대 $\rho_{c,20}$의 비율의 변화는 그림 6.17에 나타내었다.

$20℃ \le \theta_c \le 1200℃$에 대한 콘크리트의 열전도율 λ_c(W/mK)는 다음과 같이 상한값과 하한값 사이에서 결정할 수 있다.

$$\lambda_c=\begin{cases}2-0.2451(\theta_c/100)+0.0107(\theta_c/100)^2 & \text{상한값}\\ 1.36-0.136(\theta_c/100)+0.0057(\theta_c/100)^2 & \text{하한값}\end{cases} \quad (6.12)$$

온도에 따른 열전도율의 상한 및 하한의 변화는 그림 6.18에 나타내었다.

6.3.1.2 기계적 성질

그림 6.19는 EN 1992-1-2[23]에 따라 온도에 따른 콘크리트의 축압축 응력-변형률 관계 모델을 나타낸다. 이러한 각각의 변수에 대한 값은 콘크리트 온도에 대한 함수로 표 6.4에 나와 있다.

그림 6.20은 보통 콘크리트와 경량 콘크리트에 대한 강도 감소계수를 나타낸다. 그림 6.21에는 그림 6.19의 수학적 모델에 따른 고온에서의 보통 콘크리트에 대한 전형적인 응력-변형률 곡선이 나와 있다. 온도가 증가함에 따라 최대 압축강도 $f_{c,\theta}$는 감소하고 이에 해당하는 변형률은 증가한다는 것을 알 수 있다.

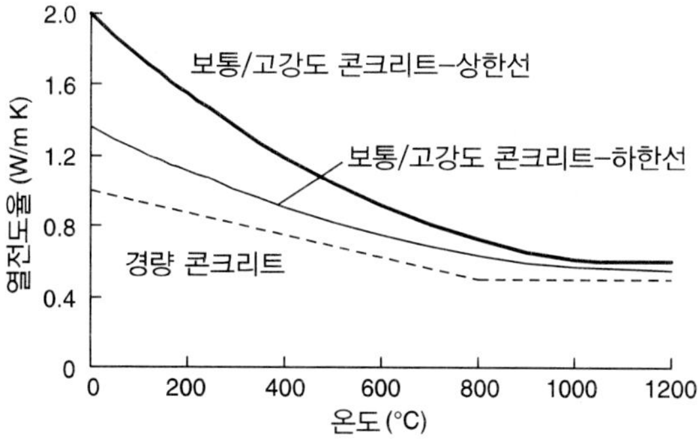

그림 6.18 온도에 따른 콘크리트의 열전도율

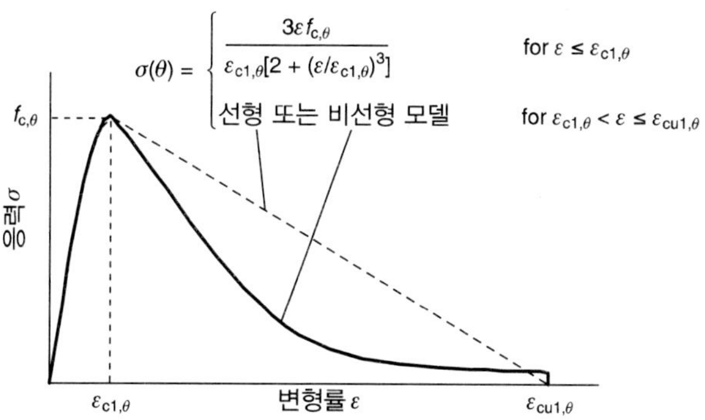

그림 6.19 온도에 따른 콘크리트의 응력–변형률 관계

표 6.4 온도에 따른 보통 및 경량 콘크리트의 응력–변형률 관계에 대한 변수

온도 θ(℃)	규산질 골재 콘크리트			석회질 골재 콘크리트			경량콘크리트	
	$f_{c,\theta}/f_{ck}$	$\epsilon_{c1,\theta}$	$\epsilon_{cu1,\theta}$	$f_{c,\theta}/f_{ck}$	$\epsilon_{c1,\theta}$	$\epsilon_{cu1,\theta}$	$f_{c,\theta}/f_{ck}$	$\epsilon_{c1,\theta}$와 $\epsilon_{cu1,\theta}$
20	1.00	0.0025	0.0200	1.00	0.0025	0.0200	1.00	시험값 사용
100	1.00	0.0040	0.0225	1.00	0.0040	0.0225	1.00	
200	0.95	0.0055	0.0250	0.97	0.0070	0.0250	1.00	
300	0.85	0.0070	0.0275	0.90	0.0100	0.0275	1.00	
400	0.75	0.0100	0.0300	0.85	0.0150	0.0300	0.88	
500	0.60	0.0150	0.0325	0.74	0.0250	0.0325	0.76	
600	0.45	0.0250	0.0350	0.60	0.0250	0.0350	0.64	
700	0.30	0.0250	0.0375	0.43	0.0250	0.0375	0.52	
800	0.15	0.0250	0.0400	0.27	0.0250	0.0400	0.40	
900	0.08	0.0250	0.0425	0.15	0.0250	0.0425	0.28	
1000	0.04	0.0250	0.0450	0.06	0.0250	0.0450	0.16	
1100	0.01	0.0250	0.0475	0.02	0.0250	0.0475	0.04	
1200	0.00	–	–	0.00	–	–	0.00	

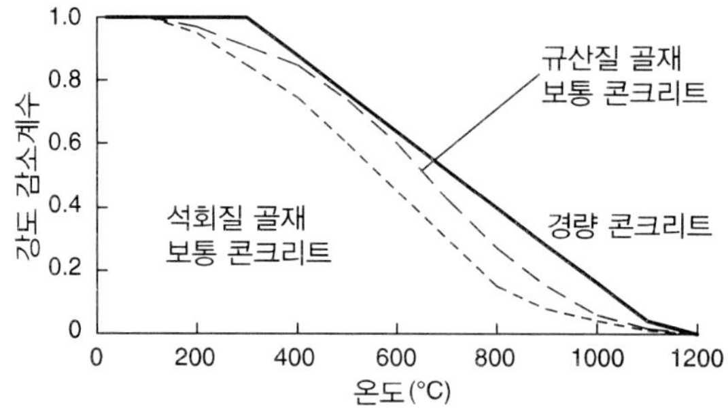

그림 6.20 온도에 따른 일반 콘크리트와 경량 콘크리트의 강도 감소계수

보수적으로 콘크리트의 인장강도는 무시할 수 있다. 하지만 EN 1992-1-2에서는 인장강도를 고려하는 것을 허용한다. 콘크리트의 설계 인장강도의 감소는 계수 $k_{c,t}(\theta)$에 따라 정해지며 이는 다음과 같다.

$$f_{ck,t}(\theta) = k_{c,t}(\theta) f_{ck,t} \tag{6.13}$$

여기서,

$$k_{c,t}(\theta) = \begin{cases} 1.0 & \text{for } 20℃ \le \theta \le 100℃ \\ 1.0 - 1.0(\theta - 100)/500 & \text{for } 100℃ < \theta \le 600℃ \end{cases}$$

여기서, $f_{ck,t}$는 콘크리트 설계 인장강도(N/mm^2)이다.

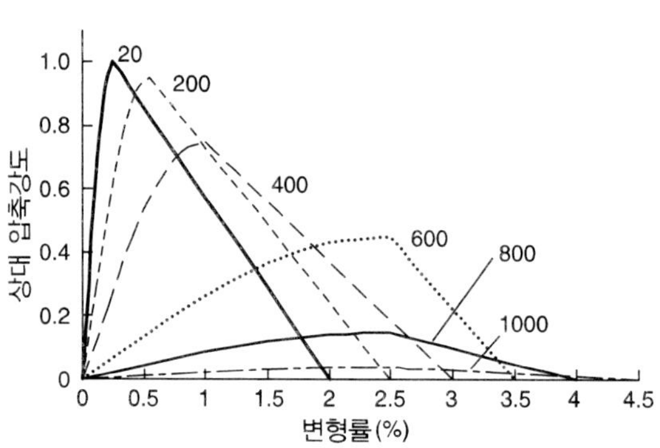

그림 6.21 온도에 따른 석회질 골재 콘크리트에 대한 응력-변형률 곡선

6.3.2 경량 콘크리트

이 절에서는 EN 1994-1-2에 따라 경량 콘크리트(LWC)의 열적 특성과 기계적 성질을 설명한다. 이 기준에서 고려하는 경량 콘크리트의 밀도의 범위는 1,600~2,000kg/m^{3}이다.

6.3.2.1 열적 특성

경량 콘크리트는 열적 특성이 매우 우수하여 열팽창과 열전도율이 일반 콘크리트의 절반에 불과하다. EN 1994-1-2에는 경량 콘크리트의 열적 특성에 대한 다음과 같은 모델이 제시되어 있다.
경량 콘크리트의 열팽창률 $\Delta l/l$은 다음 식으로 결정할 수 있다.

$$\Delta l/l = 8\times 10^{-6}(\theta_c - 20) \qquad (6.14)$$

여기서,

l	경량 콘크리트 부재의 상온에서의 길이
Δl	경량 콘크리트 부재의 열변형
θ_c	콘크리트 온도(℃)

온도에 따른 열팽창률의 변화는 그림 6.15에 나타내었다. 경량 콘크리트의 비열 c_c(J/kgK)는 콘크리트 온도에 무관하다고 생각할 수 있다.

$$c_c = 840$$

경량 콘크리트의 비열 값은 그림 6.16에 나타내었다. 경량 콘크리트의 열전도율 λ_c(W/mK)는 다음 식으로 결정할 수 있다.

$$\lambda_c = \begin{cases} 1.0 - (\theta_c/1600) & \text{for } 20℃ \le \theta_c \le 800℃ \\ 0.5 & \text{for } \theta_c > 800℃ \end{cases} \qquad (6.15)$$

경량 콘크리트의 온도에 따른 열전도율의 변화는 그림 6.18에 나타내었다.

6.3.2.2 기계적 성질

EN 1994-1-2에서는 경량 콘크리트와 일반 콘크리트에 동일한 응력-변형률 관계 모델을 사용한다. 이 모델은 그림 6.19와 표 6.4에 나타내었다. 하지만 이 기준에는 표 6.4에 나와 있는 것처럼 강도감소계수 $k_{c,\theta} = f_{c,\theta}/f_{ck}$ 만 나와 있다. $f_{c,\theta}$ 에 해당하는 변형률 값은 시험으로 구해야 한다. 그림 6.20에서는 경량 콘크리트와 일반 콘크리트의 강도감소계수를 비교하였다. 보통 콘크리트보다 경량 콘크리트에서 강도가 잘 유지되고 있다.

6.3.3 고강도 콘크리트

보통 콘크리트(NWC)의 강도는 대개 시멘트 매트릭스의 강도에 의해 결정된다. 콘크리트 압축강도가 물-시멘트 비율과 역의 관계가 있다는 것은 널리 알려져 있다. 재료 기술과 생산 기술이 발전하면서 콘크리트의 강도가 높아져서 50-130MPa에 이르게 되었다. 고강도 콘크리트(HSC)는 주로 감수제를 첨가하여 물-시멘트 비율을 낮추거나 실리카흄을 첨가하여 생산한다. 따라서 HSC는 NWC보다 투수성과 함수율이 낮아지게 된다.
강도, 강성 및 내구성 등을 포함하여 HSC가 구조적 특성이 더 우수하다. 따라서 HSC는 고성능 건축 자재로 생각되는 경우가 많고, HSC는 교량, 고층 건물 및 특수 구조물 등의 구조 요소로 전 세계의 건설 프로젝트에서 많이 사용되고 있다.
1980년대 이후로 온도에 따른 HSC의 재료 특성을 조사하기 위하여 많은 화재시험이 수행되었다. 고온에서의 HSC의 거동에 대한 시험 결과[37-39]에서 일반적으로 보통 강도의 콘크리트와 비교하여 아래와 같은 두 가지 차이점이 나타났다.
(1) 고온에서 HSC의 강도 감소가 더 뚜렷하게 나타난다.
(2) 400℃ 미만의 온도에서 HSC는 폭렬에 민감하다.

이 두 가지 사항을 제외하면 내화 설계에서 HSC를 기존의 보통 콘크리트처럼 취급할 수 있다고 판단된다. 이러한 가정은 유로코드를 참조하였다.
이 절에서는 EN 1992-1-2에 따라 HSC의 열적 특성과 기계적 성질을 설명한다. 이 기준에서는 고강도 콘크리트를 다음과 같이 세 등급으로 분류한다.

표 6.5 온도에 따른 고강도 콘크리트의 강도 감소계수

콘크리트 온도 θ(℃)	$f_{c,\theta}/f_{ck}$		
	1등급	2등급	3등급
20	1.00	1.00	1.00
50	1.00	1.00	1.00
100	0.90	0.75	0.75
200	0.90	0.75	0.70
250	0.09	0.75	0.675
300	0.85	0.075	0.65
400	0.75	0.75	0.45
500	0.60	0.60	0.30
600	0.45	0.45	0.25
700	0.30	0.30	0.20
800	0.15	0.15	0.15
900	0.08	0.113	0.08
1000	0.04	0.075	0.04
1100	0.01	0.038	0.01
1200	0.00	0.00	0.11

(1) 1등급 – C55/67과 C60/75의 콘크리트

(2) 2등급 – C70/85와 C80/95의 콘크리트

(3) 3등급 – C90/105의 콘크리트

C55/67 강도 표기는 실린더 및 큐브 설계강도가 각각 55N/mm^2와 67N/mm^2인 콘크리트 등급을 나타낸다.

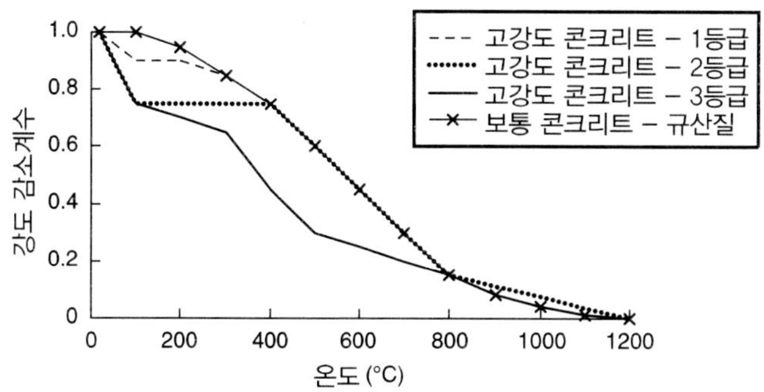

그림 6.22 온도에 따른 고강도 콘크리트의 강도감소

6.3.3.1 열적 특성

EN 1992-1-2에서는 HSC와 NWC의 열적 특성이 같다고 가정한다. 하지만 HSC의 실제 열전도율은 NWC보다 높을 수도 있다는 점을 고려해야 한다.

6.3.3.2 기계적 성질

EN 1992-1-2에서는 제한된 시험 결과를 바탕으로 표 6.5와 그림 6.22에 나와 있는 것처럼 고온에서의 HSC의 강도감소율 $f_{c,\theta}/f_{ck}$를 설명한다. 일반 규산질 골재 콘크리트와 비교하여 일반적으로 HSC는 고온에서 강도 감소가 크게 나타나며, 특히 300℃ 미만의 온도에서 크게 발생한다.

6.4 철근

EN 1994-1-2에서는 열간압연 및 냉간가공 철근을 설명한다. 합성구조에서 프리스트레싱 강재는 사용하지 않는다고 가정한다.

열간압연 철근의 열적 특성과 기계적 성질은 6.2.1에서 설명한 열간압연 강재의 특성과 같다고 가정한다. 냉간가공 철근의 경우에 열적 특성은 열간압연 강재의 특성과 같다고 가정하지만, 기계적 성질은 서로 다르다. 주어진 온도에서 강성, 비례한계의 범위 및 항복강도를 나타내는 냉간가공 철근에 대한 3가지 주요 변수가 표 6.6에 나와 있다. 이 값은 상온에서의 값에 대한 감소계수로 나타낸다.

표 6.6 냉간가공 철근에 대한 강도 감소계수

철근 온도 θ_s(℃)	탄성계수 감소계수 $E_{s\theta}/E_s$	비례한계 감소계수 $f_{sp,\theta}/f_{sy}$	유효항복강도 감소계수 $f_{sp,\theta}/f_{sy}$
20	1.00	1.00	1.00
100	1.00	0.96	1.00
200	0.87	0.92	1.00
300	0.72	0.81	1.00
400	0.56	0.63	0.94
500	0.40	0.44	0.67
600	0.24	0.26	0.40
700	0.08	0.08	0.12
800	0.06	0.06	0.11
900	0.05	0.05	0.08
1000	0.03	0.03	0.05
1100	0.02	0.02	0.03
1200	0.00	0.00	0.00

6.5 볼트와 용접

EN 1993-1-2의 부록 D에는 볼트와 용접의 화재 성능에 관한 제한된 정보가 제시되어 있으며, 인접한 보에 대한 온도 변화에 따른 기계적 성질로 구성된다. EN 1993-1-2에서는 볼트 접합과 관련하여 연결부에는 연결재가 있어서 강재의 온도가 대개 다른 자재의 온도보다 낮다고 가정할 수 있기 때문에 볼트 홀마다 볼트가 체결되어 있으면 볼트 구멍의 순단면 파단은 고려할 필요가 없다고 설명한다.

제한된 시험결과를 기초로 기준에서는 볼트 유형과 무관하게 전단과 인장에 대해 볼트에 같은 강도감소계수 $k_{b,\theta}$를 적용한다. 마찰접합 볼트의 경우에는 화재 시에 볼트가 미끄러지는 것으로 가정하여 개별 볼트의 내화성은 전단과 지압으로 설계한다.

볼트에 대한 내화 설계는 다음의 식으로 결정해야 한다.

전단강도

$$F_{v,t,Rd} = F_{v,Rd} k_{b,\theta} \frac{\gamma_{M2}}{\gamma_{M,fi}}$$

지압강도

$$F_{b,t,Rd} = F_{b,Rd} k_{b,\theta} \frac{\gamma_{M2}}{\gamma_{M,fi}}$$

인장강도

$$F_{ten,t,Rd} = F_{t,Rd} k_{b,\theta} \frac{\gamma_{M2}}{\gamma_{M,fi}}$$

여기서,

$F_{b,Rd}$ EN 1993-1-8에 따른 설계 지압강도

$F_{t,Rd}$ EN 1993-1-8에 따른 설계 인장강도

$F_{v,Rd}$ EN 1993-1-8에 따른 볼트의 설계 전단강도

$k_{b,\theta}$ 표 6.7의 적당한 볼트 온도에 대한 감소계수

γ_{M2} 정상 온도에 대한 부분 안전계수

$\gamma_{M,fi}$ 화재 조건에 대한 부분 안전계수

표 6.7 볼트 및 용접에 대한 강도 감소계수

온도 θ(℃)	볼트의 전단과 인장 $k_{b,\theta}$	필릿 용접 $k_{w,\theta}$	그루브 용접 $k_{w,\theta}$
20	1.000	1.000	1.000
100	0.968	1.000	1.000
200	0.935	1.000	1.000
300	0.903	1.000	1.000
400	0.775	0.876	1.000
500	0.550	0.627	0.780
600	0.220	0.379	0.470
700	0.100	0.130	0.230
800	0.067	0.074	0.074
900	0.033	0.018	0.018
1000	0.000	0.000	0.000

강도 감소계수는 그림 6.23에 나타내었다.

700℃ 이하의 온도에서 그루브 용접의 설계강도는 적당한 감소계수를 적용한 구조용 강재 연결부의 강도와 같다고 고려한다. 온도가 700℃를 초과하는 경우에는 필릿용접에 대한 감소계수를 그루브 용접에도 적용할 수 있다.

화재 시 필릿 용접의 단위 길이당 설계 내력은 다음의 식으로 결정해야 한다.

$$F_{w,t,Rd} = F_{w,Rd} k_{w,\theta} \frac{\gamma_{M2}}{\gamma_{M,fi}}$$

여기서,

$F_{w,Rd}$ EN 1993-1-8에 따른 단위 길이당 용접부 설계내력

$k_{w,\theta}$ 표 6.7의 용접부 온도에 대한 감소계수

강도 감소계수는 그림 6.23에 나타내었다. 필릿 용접은 볼트보다는 화재 성능이 우수하다고 여겨지지만 그루브 용접이나 모재보다는 낮은 강도 유지성능을 보인다.

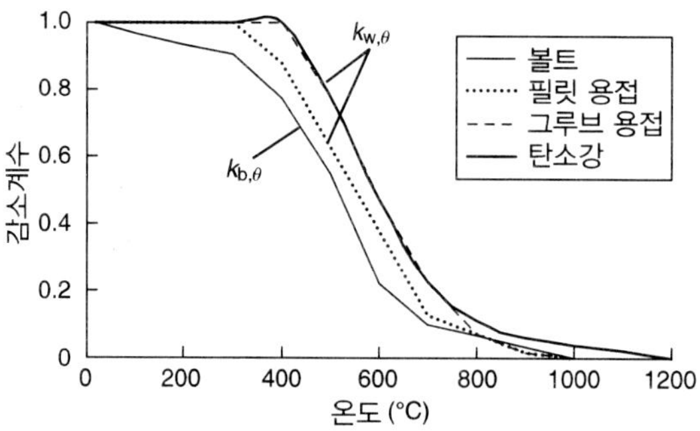

그림 6.23 온도에 따른 볼트와 용접의 강도 감소계수

CHAPTER

07

인장재 설계

내화구조설계 가이드북

STRUCTURAL
FIRE ENGINEERING
DESIGN
GUIDEBOOK

07
CHAPTER

인장재 설계

7.1 개요

이 장은 강구조 인장재의 설계 지침을 다루고 있으며, 아래와 같이 다양한 부재에 적용할 수 있다.

- ㄱ형강, ㄷ형강, T형강 및 강관을 활용한 경량 트러스와 래티스 거더
- 단일 단면이나 이중 ㄱ형강 및 ㄷ형강, 강봉, 판재로 구성된 복합 단면을 활용한 건물의 가새 부재
- 사장식 구조물과 현수교에서 주 케이블과 바닥 현수용 케이블로 활용되는 로프와 케이블
- 현수 구조물의 지지부재로 활용되는 중량 압연 형강과 H형 조립 단면 및 강관

건축물과 교량에서 활용되는 인장재의 전형적인 단면 형상 및 적용 예시는 각각 그림 7.1과 그림 7.2에 나와 있다.
EN 1993-1-2에서는 인장력이 작용하는 철골 부재에 대하여 두 가지 내화성능 평가법을 허용하고 있다. 첫 번째는 '설계내력 산정법(design resistance method)'으로, 단면 전체에서의 온도분포, 단면적, 그리고 고온에서의 재료 물성 감소 등에 근거하여 부재의 설계내력을 산정한다. 두 번째는 '임계온도법(critical temperature method)'으로 균일한 온도분포와 주어진 이용률을 가정해서 부재가 파괴할 온도를 계산하는 것으로 구성한다. 다음 절에서 두 방법을 상세히 설명한다.

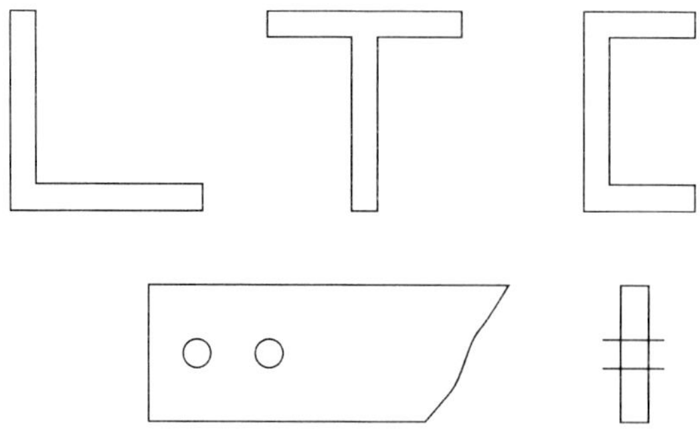

그림 7.1 인장재의 전형적인 단면 형상

7.2 설계내력 산정법

EN 1993-1-2는 부재의 온도가 증가했을 때 인장재의 설계내력을 산정하는 2가지 방법을 제시하고 있다. 첫 번째 방법은 단면 내 온도분포가 균일하지 않은 인장재에 적용할 수 있고, 두 번째 방법은 단면 내 온도분포가 균일한 인장재에 적용할 수 있다. 대안으로 균일한 온도가 균일하지 않은 분포를 가진 단면의 최대 온도와 같다고 가정한다면 단면이 균일하지 않은 온도분포를 가진 인장재의 설계내력은 균일한 온도분포를 가진 인장재의 설계내력과 같다고 보수적으로 판단할 수 있다.

7.2.1 불균일한 온도분포

EN 1993-1-2에는 단면의 온도분포가 균일하지 않은 인장재에 대한 시간 t에서의 설계내력 $N_{\mathrm{fi,t,Rd}}$가 다음과 같이 나와 있다.

$$N_{\mathrm{fi,t,Rd}} = \sum_{\mathrm{i=1}}^{\mathrm{n}} A_{\mathrm{i}} k_{\mathrm{y},\theta,\mathrm{i}} f_{\mathrm{y}} / \gamma_{\mathrm{M,fi}} \quad (7.1)$$

여기서,

A_{i} 온도가 θ_{i}인 단면의 면적

$k_{\mathrm{y},\theta,\mathrm{i}}$ 온도가 θ_{i}인 강재의 항복강도 감소계수

θ_{i} 요소 면적 A_{i}의 온도

f_{y} 20℃(상온)에서의 항복강도

$\gamma_{\mathrm{M,fi}}$ 화재조건에서 재료물성에 대한 부분계수

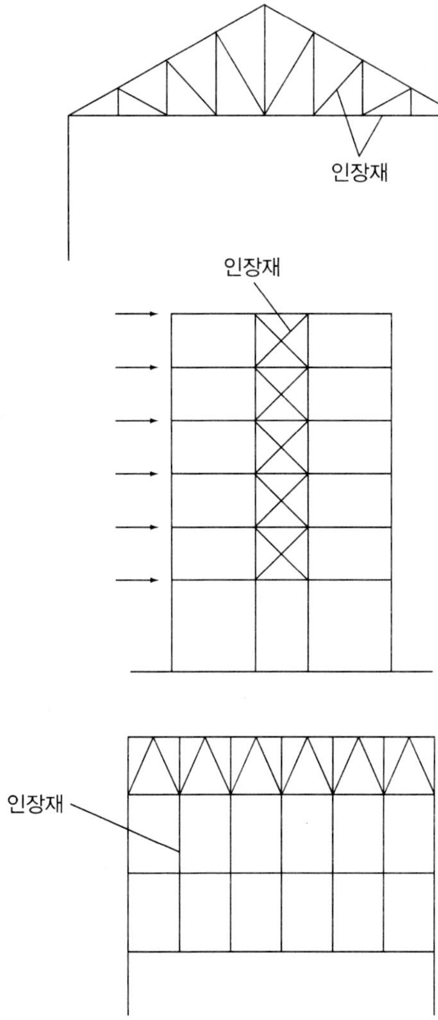

그림 7.2 건축물과 교량에서의 인장재

이 방법에서는 전체 단면을 다수의 개별 요소로 분리한 다음, 각 요소에 대하여 면적, 온도, 강도감소계수 및 항복강도를 산정하고 적용한다. 그 다음 위 식 (7.1)과 같이 개별 요소의 내력을 합산하여 전체 단면의 내력을 구한다. 요소를 분할할 때에 어떤 합리적인 방법이든 적용할 수 있지만, 일반적으로 정확한 결과를 얻으려면 온도분포가 거의 균일한 요소들로 형강을 분할해야 한다. 개별 요소 내에서 온도분포가 일부 존재하는 경우에는 그중 가장 높은 온도를 적용해야 한다. 다음의 예제를 참고하기 바란다.

예제 7.1 등변 ㄱ형강의 인장내력

그림 7.3(a)에 나와 있는 인장재의 인장내력을 계산해보자. 단, 단면에서의 온도분포는 균일하지 않다(형강 하부는 600℃, 상부는 200℃이며, 내부온도변화는 선형으로 가정한다).

단면 크기 및 강종

단면: 100×100×15mm 등변 ㄱ형강

강종: S275

계산 절차

ㄱ형강은 그림 7.3(b)와 같이 수직 및 수평 부위로 편리하게 분할 할 수 있다. 이러한 요소의 최대 온도는 각각 600℃와 540℃이다.

요소 1의 인장내력은 다음과 같이 계산할 수 있다.

$$N_{fi,t,Rd,1} = A_1 k_{y,\theta,1} f_{y1} / \gamma_{M,fi,1}$$

요소 1의 인장내력을 구하기 위해 A_1, $k_{y,\theta,1}$, f_{y1}, $\gamma_{M,fi,1}$에 대한 값을 대입하면 다음과 같다.

$$N_{fi,t,Rd,1} = 100 \times 15 \times 0.470 \times 275 / 1.0 / 1,000 = 193.9\text{kN}$$

같은 방법으로 2번 요소의 인장내력을 구할 수 있으며 241kN 이다. 이어서, 두 요소의 인장내력을 합하면 전체 부재의 인장내력을 산정할 수 있다.

$$N_{fi,t,Rd} = N_{fi,t,Rd,1} + N_{fi,t,Rd,2}$$

따라서 이 부재에 대한 설계인장내력은 다음과 같다.

$$N_{fi,t,Rd} = 193.9 + 241 = 435\text{kN}$$

그 대신에 ㄱ형강의 수직부를 그림 7.3(c)에 나와 있는 것처럼 2개 요소로 분할하여 전체 단면을 총 3개 요소로 분할하면 부재의 인장내력을 더욱 정확하게 평가할 수 있다. 요소 1, 2, 3의 최대 온도는 각각 600℃, 540℃, 370℃이다. 위의 절차를 같은 방법으로 다시 수행하면 부재의 인장내력은 490kN 이라는 것을 쉽게 알 수 있다. 이것은 이전의 내력값에서 12% 향상된 것이다.

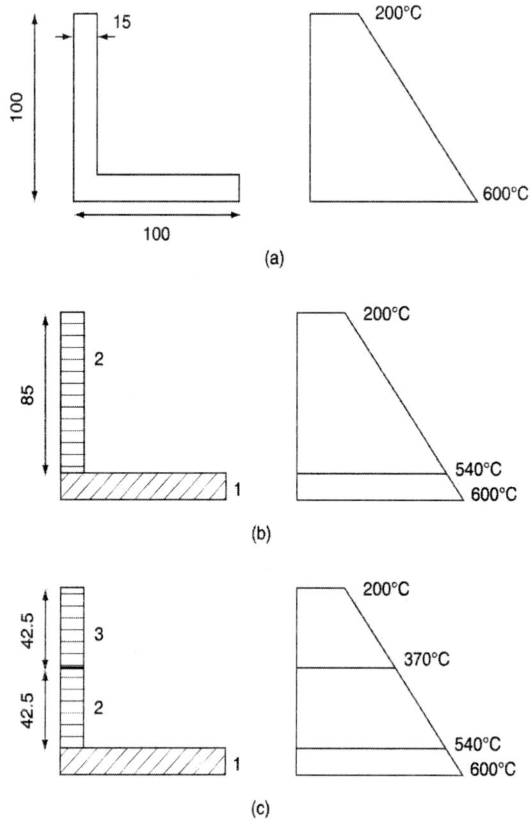

그림 7.3 온도분포가 불균일한 인장재: (a) 불균일 온도분포, (b) 각 부위에서의 최대 온도, (c) 수직 부위의 분할. (모든 치수는 mm 단위)

7.2.2 균일한 온도분포

EN 1993-1-2에는 단면에서 온도가 θ_a로 균일한 인장재의 설계내력 $N_{fi,t,Rd}$를 제시하고 있다.

$$N_{fi,t,Rd} = k_{y\theta} N_{Rd} (\gamma_{M,1} / \gamma_{M,fi}) \tag{7.2}$$

여기서,

$k_{y\theta}$ 온도가 θ_a인 강재의 항복강도 감소계수

N_{Rd} EN 1993-1-1의 상온 설계에 의한 총단면의 설계내력 $N_{pl,Rd}$

이 방법은 EN 1993-1-1에 나와 있는 인장재에 대한 상온 설계법에 바탕을 두고 있으며, 온도가 증가했을 때의 재료물성의 감소를 반영하기 위해 감소계수 $k_{y\theta}$를 도입하고 있다. 하지만 이러한 고온 설계와 상온 설계의 접근법 사이에는 핵심적인 차이가 하나 있는데, 이는 순단면에서의 부재 성능과 관련이 있다. 화재 조건에서는 볼트 구멍에 볼트가 체결되어 있기 때문에 구멍 주변의 강재 영역이 부재의 나머지 부분과 같은 정도로 가열되지 않는 것으로 가정한다. 이는 볼트의 존재로 인해 국부적으로 열용량이 증가하기 때문이다. 따라서 이러한 효과를 감안하면 화재 시 순단면에서의 부재 내력은 일반적인 상온에서의 순단면 대신에 총단면을 사용할 수 있을 정도로 증가한다.

7.3 임계온도법

온도분포가 균일할 때 시간 t에서의 강구조 인장재에 대한 임계온도 $\theta_{a,cr}$는 부재의 내력이 작용 하중으로 감소할 때의 온도이다. EN 1993에서는 다음 식과 같이 이용률(하중비)에 따라 임계온도를 결정할 수 있다.

$$\theta_{a,cr} = 39.19\ln\left[\frac{1}{0.9674\mu_o^{3.833}} - 1\right] + 482 \tag{7.3}$$

여기서,

μ_o 　부재의 이용률(하중비)이고 다음 식 (7.4)에 의해 주어진다.

$$\mu_o = E_{fi,d}/R_{fi,d,0} \tag{7.4}$$

여기서,

$R_{fi,d,0}$ 　시간 t = 0에서의 $R_{fi,d,t}$의 값(상온 상태)

$R_{fi,d,t}$ 　5장에 나와 있는 값

$E_{fi,d}$ 　5장에 나와 있는 값

표 7.1. BS 5950: Part 8의 한계온도법과 EN 1993의 임계온도법의 비교

설계기준	이용률(하중비)에 따른 임계온도					
	0.7	0.6	0.5	0.4	0.3	0.2
BS 5950: Part 8	460	510	545	590	635	690
EN 1993	526	554	585	620	664	725

이용률(하중비)은 화재한계상태에서 작용하는 하중($E_{\mathrm{fi,d}}$)과 상온 상태에서 부재 내력($R_{\mathrm{fi,d,0}}$)의 비로 정의한다. 인장재의 경우 화재시간 t = 0에서의 내력을 상온 내력으로 간주할 수 있다. 상온에서 인장재의 내력은 EN 1993-1-1을 참고하여 산정할 수 있다.

또는 다음 식을 사용하여 보수적으로 인장재에 대한 μ_o를 구할 수 있다.

$$\mu_o = \eta_{\mathrm{fi}}(\gamma_{\mathrm{M,fi}}/\gamma_{\mathrm{M,1}}) \quad (7.5)$$

여기서,

η_{fi} 5장에 나와 있는 것과 같은 감소계수

이 방법의 경우 부재가 상온 상태에서의 소요강도를 충족하도록 잘 설계되어 있다고 가정하고, 화재한계상태에서 고려되는 총하중 대비 상온 조건에서 극한설계하중의 비를 근거로 하여 하중비를 산정하는 것이다. 구조물에 작용하는 고정하중(G)과 활하중(Q)의 조합으로 하중비를 표현하면 다음과 같은 식으로 표현할 수 있다.

$$\mu_o = \frac{G+\psi Q}{1.35G+1.5Q}(\gamma_{\mathrm{M,fi}}/\gamma_{\mathrm{M,1}})$$

여기서, ψ는 화재조건에서의 활하중에 대한 하중계수이며, 계수 1.35와 1.5는 고정하중과 활하중에 대한 부분안전계수이다.

표 7.1은 EN 1993-1-2과 BS 5950: Part 8[12]에서의 인장재에 대한 임계온도 기준을 비교한 것으로, 두 설계기준에 제시하고 있는 임계온도는 BS 5950: Part 8에 제시된 한계온도, 하중비 방법과 매우 유사함을 알 수 있다.

예제풀이는 다음과 같다.

예제 7.2 임계온도 산정

화재한계상태에서 부재에 작용하는 하중이 500kN이라고 가정하고, 예제 7.1의 ㄱ형강에 대한 임계온도를 계산해보자.

시간 t = 0에서의 인장내력은 $R_{fi.d.0}$= 2,800×275/1,000 = 770kN이다.
따라서, 이용률(하중비) 계수는 μ_o = 500/770 = 0.649이다.

식 (7.3)을 적용하면 이 부재의 임계온도는 540℃이다.

CHAPTER

08

압축재 설계

내화구조설계 가이드북

STRUCTURAL
FIRE ENGINEERING
DESIGN
GUIDEBOOK

08

CHAPTER

압축재 설계

8.1 개요

이 장에서는 주로 압축력이 작용하는 기둥 부재의 설계에 관한 지침을 다루고 있으며, 철골기둥, 합성기둥, 철근콘크리트 기둥이 이에 해당한다.

유로코드에서 설계용 계산의 목적은 화재한계상태에서 온도가 증가했을 때 작용하는 하중을 구조부재가 견딜 수 있도록 충분한 내력을 갖게 하는 것이다. 이러한 설계 철학은 상온에서의 설계법과 다르지 않으며, 부재의 온도를 구하는 것이 우선이다. 철골기둥의 경우에는 설계자가 내화피복재의 열적 특성값들을 알고 있다면 4장의 수식을 사용하여 비교적 간단하게 강재의 온도를 산정할 수 있다. 철근콘크리트 기둥의 경우에는 EN 1992-1-2에 다양한 표준화재 노출 시간과 여러 형태의 직사각형 단면에서의 온도분포를 제공하는 설계용 그래프가 많이 나와 있다(예: 이 책의 그림 4.8). 합성부재 및 더욱 일반적인 경우의 철근콘크리트 부재의 경우에는 단면 내 온도분포가 균일하지 않기 때문에 활용 가능한 간단한 계산 절차가 없으므로, 유한요소법 및 유한차분법과 같은 수치해석을 활용하여 불균일한 온도분포를 평가할 수밖에 없다. EN 1994-1-2에는 일부 일반적인 형태의 열전달 수식이 나와 있지만, 이러한 수식의 수치해석적 활용에 관한 내용은 이 책의 범위를 벗어난다. 이 책에서는 독자가 이러한 수단을 활용할 수 있다고 가정하고 있으며, 요약하자면 부재의 온도분포를 입력값으로 활용할 수 있다고 가정할 것이다.

유로코드에는 여러 가지 유형의 압축재에 대한 내력평가 방안이 제시되어 있다. 강구조의 경우 EN 1993-1-2에 약산법과 임계온도법이 포함되어 있고, 합성부재 및 철근콘크리트 부재의 경우 EN 1994-1-2와 EN 1992-1-2에 표를 이용한 방법, 약산법, 그리고 상세계산법이 제시되어 있다.

표를 이용한 방법에는 기둥에 대한 다양한 설계변수와 표준내화 등급 사이의 관계를 직접 구할 수 있는 설계 표가 많이 포함되어 있다. 이러한 표는 일반적으로 표준내화시험이나 수치적 계산 결과를 바탕으로 하며, 간단하기 때문에 가능할 경우 활용될 수 있다. 이 책에서는 이 표에 대해서는 언급하지 않을 것이다.

상세계산법은 일반적인 구조공학 원칙에 바탕을 두고 있으며 수치해석 절차를 불가피하게 활용할 수밖에 없으므로 이 책에서는 다루지 않을 것이다. 이 책에서는 다양한 약산법의 적용에 대해서만 주로 논의할 것이다.

8.2 화재상태에서 기둥의 유효길이

기둥의 유효길이는 압축내력 산정에서 핵심적인 변수이며, 화재한계상태에서의 설계에서 기둥의 유효길이는 상온에서의 유효길이와 다를 수 있다.

이러한 현상은 기둥이 화재에 노출되었지만 방화구획에 둘러싸여 있거나, 기둥의 온도 증가로 인해 단부의 회전 강성이 줄어들었지만, 상대적으로 낮은 온도를 유지하는 인접 구조물의 회전 강성이 변하지 않을 때 발생한다. 즉, 기둥의 회전 구속도가 증가한다고 볼 수 있다.

유로코드에서는 이 점을 인정하여 상온에서의 기둥 유효길이와 비교하여 화재 시의 기둥 유효길이를 줄여서 적용하도록 권고하고 있다. 더구나 유로코드에서는 가열된 기둥에 비하여 인접한 낮은 온도의 구조물의 강성비가 무한에 접근하여 가열된 기둥의 종단부는 회전구속도에 대하여 고정단인 것으로 가정한다. 그림 8.1에는 유로코드의 권고사항이 잘 나와 있으며, 가열된 기둥과 차가운 인접 기둥이 방화구획의 바닥을 통해 연속적으로 연결될 때에만 가열된 기둥 단부의 회전 구속도를 충분히 증진시킨다는 점을 주의해야 한다. 이는 인접한 수평 부재가 가열된 기둥과 같은 화재에 노출되면서 가열된 기둥에 신뢰할만한 회전 구속도를 제공하지 못할 수도 있기 때문이다.

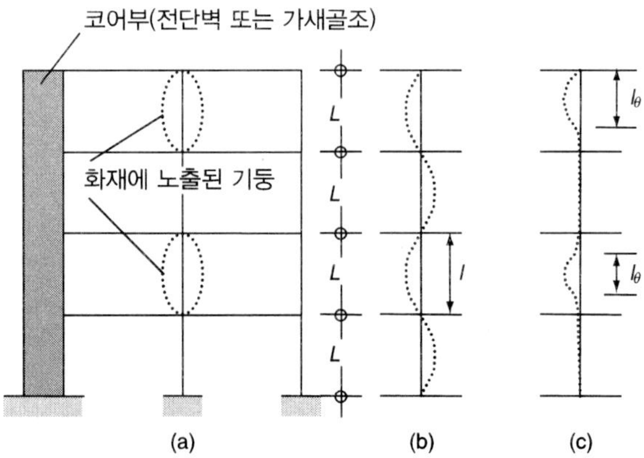

그림 8.1 화재 시 횡구속된 골조의 기둥 유효길이
(a) 골조 입면 (b) 상온에서의 변형 형상
(c) 고온에서의 변형 형상

8.3 축력을 받는 철골기둥

기둥 설계에서는 안정성을 고려해야 하기 때문에 EN 1993-1-2의 4.2.4절의 한계온도법을 적용해서는 안 된다. 철골기둥에 대한 약산법은 EN 1993-1-2의 4.2.3.2와 4.2.3.6절의 내용을 따라야 한다. 이 방법에서는 기둥의 온도가 설계의 출발점이다. 설계대상 기둥의 온도 변화에 따라 감소된 기둥 강도를 계산하여 화재 시 기둥에 적용되는 하중과 비교하여, 기둥의 잔존강도가 화재 시 기둥에 작용하는 하중을 초과하면 기둥은 안전한 것으로 간주한다. 약산법에서는 기둥에 작용하는 하중이 화재노출 도중에 일정하다고 가정한다. 만약 설계 목표가 기둥의 내화피복 소요 두께를 찾는 것이라면 설계 절차의 반복을 통해 검토할 수 있다. 그림 8.2에 이 반복적 설계 과정이 나와 있다. EN 1993-1-2의 설계법은 철골 기둥에 대한 EN 1993-1-1의 상온 설계법과 유사해 보이지만 많은 차이가 있다. 앞서의 8.2절에서 설명한 기둥의 유효길이에 대한 차이 외에 다른 점은 기둥에 대한 좌굴곡선(global buckling curve)과 국부좌굴에 대한 단면 분류(column cross-section classification)와 관련이 있다. 내화설계에서는 국부좌굴에 대한 기둥 단면을 분류할 때 다음과 같이 감소된 ϵ 값을 설계에 적용해야 한다.

$$\epsilon = 0.85\sqrt{\frac{235}{f_y}} \tag{8.1}$$

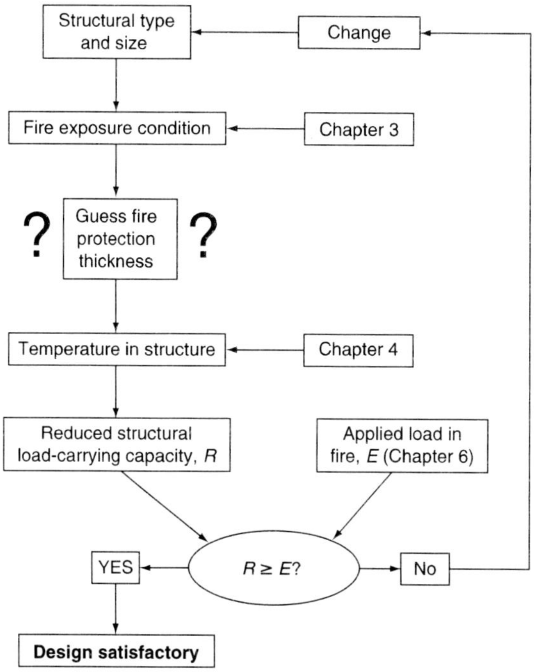

그림 8.2 EN 1993-1-2의 내화설계 절차

계수 0.85는 $\sqrt{k_{E,\theta}/k_{y,\theta}}$ 에 대한 근사적인 값이다. 여기서, $k_{E,\theta}$와 $k_{y,\theta}$는 온도 θ에서의 강재의 탄성계수와 유효항복강도에 대한 감소계수이다(표 6.1).
압축력을 받는 압연 형강의 플랜지 및 웨브에 대하여 EN 1993-1-1의 판폭두께비 제한사항을 검토해보면 S275 강종의 경우 Corus의 모든 범용 기둥(UC: Universal Column) 단면들이 3등급 이상이라는 것을 쉽게 확인할 수 있다. 강종이 S355인 경우에는 356×368×129 UC 및 152×152×23 UC 단면들만 4등급이다.

8.3.1 단면이 1, 2 또는 3등급인 균일하게 가열된 기둥

단면이 1, 2 또는 3등급인 기둥의 경우에는 설계 과정에서 국부좌굴을 고려할 필요가 없으며 기둥의 설계압축내력 $N_{b,fi,t,Rd}$는 다음과 같이 산정된다.

$$N_{b,fi,t,Rd} = \chi_{fi} A k_{y,\theta} f_y / \gamma_{M,fi} \tag{8.2}$$

여기서, A는 기둥의 총단면적이고, $\gamma_{M,fi}$는 화재한계상태에서의 강재에 대한 재료안전계수이다. χ_{fi}는 기둥 세장비 $\overline{\lambda}_{fi}$의 함수로 나타낸 기둥의 강도감소계수이며 다음과 같이 산정된다.

$$\chi_{fi} = \frac{1}{\varphi_\theta + \sqrt{\varphi_\theta^2 - \overline{\lambda}_\theta^2}} \text{ with } \varphi_\theta = \frac{1}{2}[1 + \alpha\overline{\lambda_\theta} + \overline{\lambda_\theta^2}] \text{ and } \alpha = 0.65\sqrt{235/f_y} \quad (8.3)$$

기둥의 세장비 $\overline{\lambda}_\theta$를 계산할 때는 8.2절에서 설명한 기둥유효길이의 축소를 고려해야 함과 더불어 고온에서 유효항복강도와 탄성계수의 변화를 포함시켜야 한다. EN 1993-1-2에는 기둥의 세장비 $\overline{\lambda}_\theta$를 다음과 같이 산정하도록 제시되어 있다.

$$\overline{\lambda}_\theta = \overline{\lambda}\sqrt{\frac{k_{y,\theta}}{k_{E,\theta}}} \quad (8.4)$$

여기서, $\overline{\lambda}$는 상온에서의 기둥 세장비지만, 8.2절에서 설명한 것처럼 화재 시의 축소된 기둥유효길이를 사용하여 계산한다.

설계의 목적이 기둥의 한계온도를 찾는 것이라면, 기둥의 온도 정보가 주어지지 않기 때문에 식 (8.4)의 우변 둘째 항은 계산할 수 없다. 하지만 강재의 일반적 검토 대상 온도 범위인 300~800℃ 사이에서는 식 (8.4)의 우변 둘째 항의 값은 약 1.2에 가깝다. 따라서 화재 시의 기둥 세장비는 다음 식을 활용하여 근사적으로 산정할 수 있다.

$$\overline{\lambda}_\theta = 1.2\overline{\lambda} \quad (8.5)$$

다음은 이에 대한 예제이다.

예제 8.1 철골기둥에 대한 한계온도 산정

철골기둥의 한계온도를 산정해보자.

설계정보

단면 : 305×305×118 UC

높이 : 4.2 m (기둥은 양단부에서 상하층 기둥에 연속적으로 이어져 있으며, 상하 바닥구조는 양쪽 모두 내화구조)

강종 : S275

작용 압축하중

고정하중 : 1,000kN

활하중 : 1,200kN

계산 절차

1단계: 화재한계상태에서의 기둥 세장비

화재한계상태에서 기둥의 유효길이는 $L_{e.fi}$= 0.5×4.2 = 2.1 m이며, 오일러 좌굴하중은 다음과 같다.

$$N_{cr} = \frac{\pi^2 EI}{L_{e.fi}^2} = \frac{\pi^2 \times 205 \times 90,590}{2.1^2} / 1,000 = 41,562\text{kN}$$

상온에서 기둥의 소성압축내력은 다음과 같다.

$$N_u = f_y A = 0.275 \times 15,000 = 4,125\text{kN}$$

상온에서 기둥의 세장비는 다음과 같다.

$$\bar{\lambda} = \sqrt{\frac{N_u}{N_{cr}}} = 0.315$$

내화설계에서 기둥 세장비의 근시값은 다음과 같다.

$$\bar{\lambda}_\theta = 1.2 \times \bar{\lambda} = 0.378$$

2단계: 기둥의 한계온도

활하중에 대한 하중계수가 0.5라고 가정하면(표 5.1), 화재한계상태에서 기둥에 작용하는 총하중은 1,000 + 1,200×0.5 = 1,600kN이다.

식 (8.3)에서 α=0.601, ϕ=0.685, χ_{fi}=0.796이다. 화재 시 강재에 대한 재료안전계수는 1.0이라고 가정하면 식 (8.2)는 다음과 같다.

$k_{y,\theta} = N_{b,fi,t,Rd} / (\chi_{fi} A f_y / \gamma_{M,fi}) = 1,600 / (0.796 \times 4,125 / 1.0) = 0.487$

표 6.1에서 기둥의 한계온도는 595℃이다.
이 온도에서 강재의 탄성계수에 대한 감소계수는 0.3245이고, 식 (8.4)에서의 우측 두 번째 항의 값은 1.225가 된다. 식 (8.3)에 따르면 화재 시 기둥의 세장비는 0.386이다. 이 세장비는 0.378로 가정한 값과 다르기 때문에 전체 절차의 반복이 필요하다.
다음 반복 설계에서 기둥의 수정된 한계온도는 594℃가 되고, 이 값은 이전 값과 충분히 가깝기 때문에 기둥의 최종 한계온도로 간주할 수 있다.

8.3.2 단면이 4등급인 균일하게 가열된 기둥

EN 1993-1-2에서는 국부좌굴이 중요한 4등급 단면의 기둥에 대하여 내화성능을 평가하는 두 가지 대체할 수 있는 방법을 제시하고 있다. EN 1993-1-2에서는 비교적 간단한 접근법으로 기둥의 한계온도를 보수적으로 350℃를 적용할 것을 권고하고 있다. 다른 대안은 EN 1993-1-2의 부속서 E에 나와 있으며, 이 접근법에서는 국부좌굴의 효과를 고려하기 위해 유효폭을 사용하고 있으며, EN 1993-1-2는 상온에서와 동일한 유효폭을 사용하도록 권고하고 있다. 이어지는 절차는 단면이 1, 2 또는 3등급인 경우 전체 단면을 대상으로 적용하던 것을 단면이 4등급인 경우 유효 단면만을 반영 대상으로 대체해야 하는 것을 제외하면 단면이 1, 2 또는 3등급인 기둥에 대한 설계와 같은 방식으로 설계 절차를 진행하면 된다.

8.3.3 축력과 휨모멘트가 함께 작용하는 균일하게 가열된 기둥

EN 1993-1-2에서는 축력과 휨모멘트가 함께 작용하는 균일하게 가열된 기둥에 대하여 단면이 1, 2 및 3등급인 부재에 대한 설계식과 단면이 4등급인 부재에 대한 설계식으로 두 가지 식을 제시하고 있다. 이러한 설계식은 EN 1993-1-1의 상온에서의 설계식과 같지만 고온에서 축력이나 휨모멘트가 개별적으로 작용할 때에 대한 부재 내력을 활용해야 한다.

8.3.4 균일하지 않게 가열되는 철골 기둥

현실적인 상황에서는 철골기둥이 균일하지 않게 가열되는 경우가 많다. 예를 들어 기둥이 벽의 일부여서 한쪽 면만 화재에 노출되는 경우가 있다. 현재 EN 1993-1-2에서는 이러한 경우에 대해 '온도분포가 균일하지 않은 압축재의 설계 내력은 해당 강재 단면의 최대 온도와 전체 단면이 같은 온도인 것으로 가정하여 산정할 수 있다'라고 다소 간단한 방식으로 기술하고 있다. 단면 등급이 1, 2 또는 3인 기둥의 경우에는 기둥의 세장비가 매우 낮거나 매우 클 때 EN 1993-1-2의 권고가 적당하다. 세장비가 중간(40〈λ〈100) 정도인 기둥에서는 EN 1993-1-2의 권고가 안전하지 않을 수 있으며, 좀 더 상세 계산법을 사용해야 할 수도 있다. 단면이 4등급인 기둥의 경우에는 EN 1993-1-2의 부록 E를 사용할 수도 있지만 열로 인한 굽힘변형(thermal bowing) 때문에 발생하는 휨 모멘트의 효과를 포함시켜야 한다.

8.4 축력을 받는 합성기둥

EN 1994-1-2는 합성기둥에 대해 두 가지 대체할 수 있는 약산법을 제공한다. 기준의 본문(4.3.5절)에는 모든 유형의 합성기둥에 대한 일반적인 설계법이 있으며, 여기에는 강재의 일부분이 콘크리트로 둘러싸인 매입형 합성기둥(4.3.5.2절)과 콘크리트충전강관기둥(4.3.5.3절)에 적용할 때의 한계점도 포함되어 있다. 두 부속서에는 강재의 일부분이 콘크리트로 둘러싸인 매입형 합성기둥(부속서 G)과 콘크리트충전강관기둥(부속서 H)에 대하여 대체할 수 있는 특정 계산법이 제시되어 있다. 이 책에서는 일반적인 설계법을 이용한 설계 절차를 설명하고, 부록에 있는 두 가지 대체할 수 있는 계산 방법을 활용하는 데 도움이 되는 설계 도구를 제시할 것이다.

8.4.1 일반적인 설계 방법

일반적 설계법은 다음과 같은 절차로 이루어진다.

8.4.1.1 합성기둥의 온도

콘크리트는 열전도율이 낮기 때문에 합성단면의 온도분포는 상당히 불균일하다. 이러한 기둥의 열전달 해석에 사용할 수 있는 약산법은 없기 때문에 열전달 수치해석 소프트웨어를 사용하여 이 작업을 수행해야 한다.

8.4.1.2 고온에서의 단면 특성

합성단면의 두 가지 고유값인 압축에 대한 단면소성내력과 단면의 유효휨강성를 산정해야 한다. 이러한 계산을 수행할 때는 합성단면을 대략적으로 같은 온도를 가지는 다수의 블록으로 분할한다. 합성단면의 특성은 모든 블록의 기여도를 전부 합산하여 구한다. 아래 첨자 a, s, c는 순서대로 강재, 철근, 콘크리트를 나타낸다.
합성단면의 축방향 압축에 대한 소성내력은 다음과 같다.

$$N_{\mathrm{fi,pl,Rd}} = \sum_{\mathrm{j}}(A_{\mathrm{a},\theta} f_{\mathrm{ay},\theta}) / \gamma_{\mathrm{M,fi,a}} + \sum_{\mathrm{k}}(A_{\mathrm{s},\theta} f_{\mathrm{sy},\theta}) / \gamma_{\mathrm{M,fi,s}} + \sum_{\mathrm{m}}(A_{\mathrm{c},\theta} f_{\mathrm{c},\theta}) / \gamma_{\mathrm{M,fi,c}} \tag{8.6}$$

여기서, 합성단면은 강재 j, 철근 k, 콘크리트 m의 블록으로 분할된다. 합성단면의 각 블록에 대하여 A는 면적, f는 해당 온도에서 재료의 설계강도를 나타낸다. 계수 γ는 내화설계에 대한 재료안전계수이다.
이와 비슷하게 합성단면의 유효휨강성은 다음과 같다.

$$(EI)_{\mathrm{fi,eff}} = \sum_{\mathrm{j}}(\varphi_{\mathrm{a},\theta} E_{\mathrm{a},\theta} I_{\mathrm{a},\theta}) + \sum_{\mathrm{k}}(\varphi_{\mathrm{s},\theta} E_{\mathrm{s},\theta} I_{\mathrm{s},\theta}) + \sum_{\mathrm{m}}(\varphi_{\mathrm{c},\theta} E_{\mathrm{c,sec},\theta} I_{\mathrm{c},\theta}) \tag{8.7}$$

여기서, E 는 온도 θ에서의 철근이나 강재의 초기탄성계수이다. 콘크리트의 경우에는 할선탄성계수를 적용하는데, 이는 콘크리트의 설계압축강도($f_{\mathrm{c},\theta}$)를 최대응력에서의 해당 변형률($\epsilon_{\mathrm{c1},\theta}$)로 나누어 구할 수 있으며, 표 6.4에 값이 나와 있다. 합성단면의 각 블록에 대하여 I 는 전체 단면에서 해당 축에 대한 단면2차모멘트이다.
식 8.7은 일련의 감소계수(φ)가 포함되어 있다. 이 감소계수는 합성단면의 균일하지 않은 온도분포 및 재료에 따라 다른 열팽창률로 인해 발생하는 열응력 효과를 반영하기 위해 도입되었다. 원칙적으로 이렇게 합성단면에서 열변형 분포가 균일하지 않으면, 기계적 변형의 분포도 균일하지 않게 된다. 강재와 콘크리트의 응력-변형률 관계가 선형이 아니기 때문에, 이렇게 기계적 변형의 분포가 균일하지 않으면 합성단면에서 균일한 변형 분포를 바탕으로 한 것과는 다른 재료의 강성 분포가 나타나게 될 것이다. EN 1994-1-2의 4.3.5.1(5)절의 일반적인 계산법에서는 이러한 감소계수에 대한 값이 제시되어 있지 않다. 부속서 G의 부분 매입형 합성단면의 경우에는 표준내화 등급을 기준으로 여러 값이 제시되어 있다. 이 값들은 표준화재 노출을 고려한 설계에 대하여 일반적 설계법을 적용할 때 활용할 수 있다. 일반적인 설계법은 표준화재 노출에만 국한되지 않고 다른 유형의 화재노출(예를 들어 EN 1991-1-2의 매개변수화재곡선, 이 가이드의 3장)에도 적용할 수 있기 때문에 설계자는 안전을 위하여 부록 G의 낮은 쪽 값을 사용하는 것이 좋다. 콘크리트충전강관기둥의 경우 부속서 H에 이러한 감소계수가 제시되어 있지 않기 때문에 기본값(1.0)을 갖는다는 것을 암시한다. 이는 일반적 계산법을 따를 때 적용되어야 하며, 화재노출의 유형과 무관하다.

8.4.1.3 압축력에 대한 기둥 내력

합성단면의 유효휨강성을 사용하여 다음과 같이 합성 기둥의 오일러 좌굴하중을 계산한다.

$$N_{\mathrm{fi,cr}} = \pi^2 \frac{(EI)_{\mathrm{fi,eff}}}{L_\theta^2} \tag{8.8}$$

여기서, 화재 시 합성 기둥의 유효길이 $L_{e,\theta}$는 8.2절에 따라 평가해야 한다.
화재 시에 합성 기둥의 무차원 세장비는 다음과 같다.

$$\bar{\lambda}_\theta = \sqrt{\frac{N_{\mathrm{fi,pl,R}}}{N_{\mathrm{fi,cr}}}} \tag{8.9}$$

여기서, $N_{\mathrm{fi,pl,R}}$은 식 8.6에 따른 $N_{\mathrm{fi,pl,Rd}}$의 값이지만 재료안전계수가 기본값(1.0)으로 반영된 것이다.
압축력을 받는 합성 기둥의 내력은 다음과 같이 구한다.

$$N_{\mathrm{fi,Rd}} = \chi N_{\mathrm{fi,pl,Rd}} \tag{8.10}$$

여기서, 합성단면의 유형과 무관하게 EN 1993-1-1의 좌굴곡선 'c'를 사용하여 감소계수 χ를 구해야 한다.

일반적 설계법을 적용할 때는 부분 매입형 단면에 대한 4.3.5.2(2)절과 콘크리트충전 강관 단면에 대한 4.3.5.3(2)절에 나와 있는 적용성의 제한사항을 확인해야 한다.

일반적 설계법은 중심 축력을 받는 합성 기둥에만 적용할 수 있다. 편심 축력을 받는 합성 기둥은 부속서 G와 부속서 H의 대안 설계법을 따라야 한다.

예제 8.2 일반적인 설계법

설계정보

이 예제에 대한 합성단면은 콘크리트충전원형강관(CHS: Circular Hollow Section)이고 (355.6×12.5mm), 재료 물성은 다음과 같다.

- 구조용 강 : $f_y = 275\,\mathrm{N/mm^2}$, $E_a = 210\,\mathrm{kN/mm^2}$, $\gamma_{ma} = 1.0$
- 콘크리트 : $f_{ck} = 25\,\mathrm{N/mm^2}$, $E_{cm} = 30.5\,\mathrm{kN/mm^2}$, $\gamma_{ma} = 1.1$

기둥의 높이는 4.5 m이고, 내화바닥구조에 의해 양단부가 연속적으로 연결되어 지지되고 있다. 이 예제에서는 외부면에 내화피복이 없고 내부 철근도 없는 상태로 R60의 표준내화성능을 가질 수 있도록 기둥의 압축강도를 결정할 것이다.

계산 결과

1단계: 합성단면의 온도분포

온도분포를 위한 간단한 방법으로 Lawson과 Newman의 근사법[40]을 활용한다. 이 예제에서는 강관을 단일한 온도층으로 가정하고, 내부콘크리트는 10개의 층으로 나누도록 한다. 내부콘크리트의 외곽층에서는 온도 편차가 급격하다는 점을 감안하여 내부콘크리트의 외곽 5개층 각각의 두께는 10mm로 할 것이다. 나머지 내측 콘크리트는 각 두께가 23.06mm인 5개 층으로 나누었다. 상온이 20℃라고 가정하면, Lawson과 Newman의 근사법[40]에 의해 표 8.1과 같이 합성단면의 각 층에 대한 온도가 나타난다.

2단계: 합성단면 특성

표 8.1에서는 고온에서 감소된 강재의 유효항복강도와 탄성계수, 그리고 콘크리트의 감소한 설계강도 및 할선강성을 각각 표 6.1과 표 6.4에서 구하여 표시하였다.

표 8.1 예제 8.2에 대한 계산 결과

층	내부-외부 반경 (mm)	θ(℃)	$k_{y,\theta}$	$\epsilon_{cu}\times1000$	f_θ(N/mm^2)	E_θ(N/mm^2)
강재	165.3-177.8	827.1	0.066	N/A	18.15	8589
L1	155.3-165.3	518	0.573	10.04	14.33	1427
L2	145.3-155.3	432	0.702	8.14	17.55	2156
L3	135.3-145.3	353	0.797	6.795	19.93	2933
L4	125.3-135.3	281	0.8595	5.715	21.49	3760
L5	115.3-125.3	203	0.8985	4.545	22.46	4962
L6	92.24-115.3	188	0.906	4.38	22.65	5171
L7	69.18-92.24	132	0.934	3.82	23.35	6113
L8	46.12-69.18	125	0.9375	3.75	23.44	6251
L9	23.06-46.12	125	0.9375	3.75	23.44	6251
L10	0-23.06	125	0.9375	3.75	23.44	6251

각 층에 대하여 단면적(A)과 해당 단면의 단면2차모멘트(I)를 다음 식을 사용하여 계산할 수 있다.

$$A=\frac{\pi^2}{4}(D_o^2-D_i^2) \tag{8.11a}$$

$$I=\frac{\pi^2}{64}(D_o^4-D_i^4) \tag{8.11b}$$

여기서, D_o와 D_i는 층별 내부 및 외부 직경이다.
식 (8.6) 및 (8.7)과 표 8.1의 결과를 활용하여 합성기둥의 소성내력과 유효휨강성을 다음과 같이 구할 수 있다.

$$N_{fi,pl,Rd}=1{,}605\,\text{kN}$$

$$N_{fi,pl,R}=1{,}741\,\text{kN}$$

$$(EI)_{fi,eff}=3{,}682\,\text{kNm}^2$$

3단계: 기둥의 압축내력

8.2절에 따라 화재한계상태에서 기둥의 유효길이는 다음과 같다.

$$L_{e,fi}=0.5\times4.5=2.25\,\text{m}$$

오일러 좌굴하중은 다음과 같다.

$$N_{fi,cr} = \frac{\pi^2 \times 3,682}{2.25^2} = 7,178\text{kN}$$

그리고 기둥의 세장비는 다음과 같다.

$$\overline{\lambda_\theta} = \sqrt{\frac{1,741}{7,178}} = 0.492$$

EN 1993-1-1의 좌굴 곡선 'c'를 사용하면 기둥의 강도감소계수 χ= 0.8473이며 기둥의 압축내력은 다음과 같다.

$$N_{fi,Rd} = 0.8473 \times 1,605 = 1,360\text{kN}$$

비교를 위해 EN 1994-1-1에 따른 기둥의 상온압축내력을 구해보면 4,336.7kN임을 확인할 수 있다. 따라서, R60의 표준내화성능에서 무내화피복 및 무근 합성 기둥의 잔존강도는 상온내력의 31.4%이다.

8.4.2 부분 매입형 합성기둥에 대한 대안 설계법

대안 설계법은 앞 절에서 나와 있는 일반적인 설계법을 따른다. 주의할 것은 대안 설계법은 단면의 약축 방향의 휨에 대해서만 적용할 수 있다는 점이다. 또한, 대안설계법(G.6(5)항)의 적용 범위는 일반적인 설계법(4.3.5.2(2)항)의 범위와 다르며, 표준화재 노출에만 적용할 수 있다.

이 대안 설계법은 합성단면의 특성에 대한 계산 방식이 일반적 계산법과 다르다. 일반적 계산법에서는 합성단면을 여러 개의 작은 블록으로 분할하지만, 대안 설계법에서는 합성단면을 강재의 플랜지 및 웨브, 강재로 둘러싸인 콘크리트, 그리고 철근까지 4개의 큰 구성 요소만으로 분할한다.

강재 단면의 플랜지들은 온도가 같다고 가정하며 부록 G.2에 여러가지 표준내화 등급을 기준으로 온도를 계산하는 방법에 관한 정보가 나와 있다. 강재 단면의 웨브는 상온일 때와 탄성계수는 같지만 감소된 높이와 감소된 강도를 가지는 것으로 가정한다. 콘크리트의 경우 온도는 균일하지만 단면 크기는 줄어들었다고 가정한다. 철근의 경우 유효항복강도와 탄성계수에 대한 감소계수는 설계 표준내화 등급과 콘크리트 피복에 따라 직접적으로 주어진다.
다음 절에는 부속서 G의 대안 설계법을 적용하는 데 도움이 될 설계 도구가 나와 있다.

8.4.2.1 강재 단면의 웨브에 대한 설계 도구(부속서 G.3)

그림 8.3에는 설계에서 사용하는 다양한 기호가 나와 있다. 플랜지의 안쪽면으로부터 높이 $h_{\mathrm{w,\,fi}}$에 해당하는 웨브 부분은 무시해야 한다. 부속서 G.3의 계산에서는 [$\sqrt{1-0.16(H_{\mathrm{t}}/h)}$] 라는 계수를 사용하고 있는데, 여기서 H_{t} 는 설계 표준내화 등급에 따라 달라지는 경험적 수치이며, h는 그림 8.3에 나와 있듯이 형강의 깊이이다. 그림 8.4에서는 이 계수를 β로 나타내고, 서로 다른 표준내화 등급별로 형강의 깊이에 따른 β 값의 변화를 그래프를 나타내고 있다.
이 값을 사용할 때 웨브의 유효깊이는 다음과 같다.

$$\begin{aligned} d_{\mathrm{w,\,fi}} &= h-2e_{\mathrm{f}}-2h_{\mathrm{w,\,fi}} = (h-2e_{\mathrm{f}})\left(1-2\frac{h_{\mathrm{w,\,fi}}}{h-2e_{\mathrm{f}}}\right) \\ &= (h-2e_{\mathrm{f}})\sqrt{1-(0.16H_{\mathrm{t}}/h)} = \beta(h-2e_{\mathrm{f}}) \end{aligned} \tag{8.12}$$

최대응력은 다음과 같이 구해진다.

$$f_{\mathrm{ay,\,w,\,t}} = f_{\mathrm{ay,\,w}}\sqrt{1-(0.16H_{\mathrm{t}}/h)} = \beta f_{\mathrm{ay,\,w}} \tag{8.13}$$

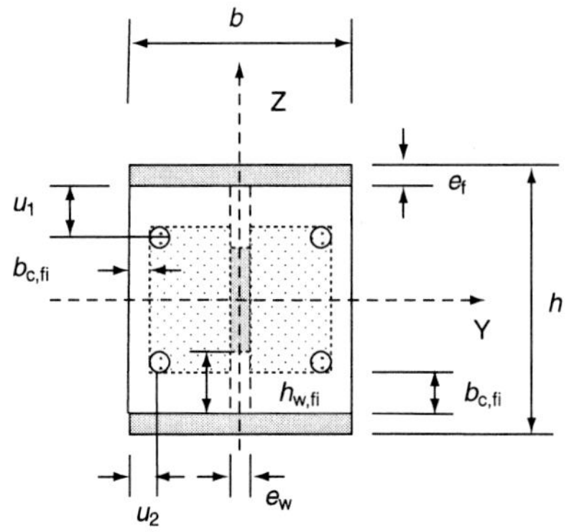

그림 8.3 부분 매입형 합성기둥에 대한 단면 감소

부속서 G.3의 식을 재배열하면 다음과 같은 식을 사용하여 강재 단면의 웨브가 합성단면의 소성내력과 유효휨강성에 기여하는 정도를 계산할 수 있다.

$$N_{\mathrm{fi,\,pl,\,Rd,\,w}} = e_{\mathrm{w}} d_{\mathrm{w,\,fi}} f_{\mathrm{ay,\,w,\,t}} / \gamma_{\mathrm{M,\,fi,\,a}} \tag{8.14}$$

$$(EI)_{\mathrm{fi,\,w,\,z}} = E_{\mathrm{a,\,w}} d_{\mathrm{w,\,fi}} e_{\mathrm{w}}^{3} / 12 \tag{8.15}$$

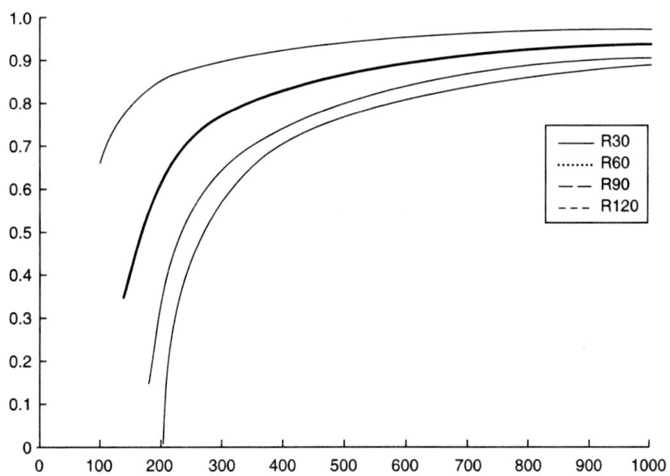

그림 8.4 합성단면의 깊이의 함수로 나타낸 $\beta = \left[\sqrt{1-0.16(H_t/h)}\right]$의 값

예제 8.3 부분 매입형 합성기둥에 대한 대안 설계법

표준내화 등급 R60에 대하여 강재 단면이 305×305×137 UC인 부분 매입형 합성단면의 소성 내력 및 휨강성을 산정한다. 강종은 S355이며 상온에서의 콘크리트 설계강도는 40N/mm^{2}이며, 규산질 골재를 함유한 것으로 가정한다. 재료안전계수는 모두 1.0이다. 유효휨강성 $(EI)_{fi.eff.z}$를 계산할 때는 EN 1994-1-2의 표 G.7에 따라 플랜지, 웨브, 콘크리트에 대하여 각각 $\phi_{f.\theta}=0.9$, $\phi_{w.\theta}=1.0$, $\phi_{s.\theta}=0.8$을 적용한다.

계산 결과

단면의 전체 폭 b = 309.2mm, 전체 깊이 h = 320.5mm, 플랜지 폭 b = 309.2mm, 플랜지 두께 e_f = 21.7mm, 웨브 깊이 = 277.1mm, 웨브 두께 e_w = 13.8 mm이다.

$$\text{단면형상계수 } A_m/V = 2\times(0.3092+0.3205)/(0.3092\times0.3205) = 12.71\text{m}^{-1}$$

플랜지

G.2(1)절과 표 G.1에서 강재 플랜지의 온도는 다음과 같다.

$$\theta_{f,t} = 680 + 9.55\times12.71 = 801.4℃$$

표 6.1에서 최대응력은 0.1093×355 = 38.80 N/mm^{2}이다. 탄성계수는 0.0897×205,000 = 18,388.5 N/mm^{2}이다.

플랜지의 소성 내력은 다음과 같다.

$$N_{fi,pl.Rd.f} = 2\times309.2\times21.7\times38.8/1{,}000 = 520.7\text{kN}$$

플랜지의 유효 휨강성은 다음과 같다.

$$(EI)_{fi,f,z} = 18{,}388.5\times21.7\times309.2^3/6/10^9 = 1{,}966\text{kNm}^2$$

웨브

표 G.2에서 H_t = 770mm이다.

$$\beta = \sqrt{1-(0.16H_t/h)} = 0.7846$$

식 8.12에서 웨브의 유효깊이는 다음과 같다.

$$d_{w,fi} = 0.7846\times277.1 = 217.4\text{mm}$$

식 8.13에서 $f_{ay,w,t}$ = 0.7846 × 355 = 278.53N/mm^{2}이다.

식 8.14와 8.15로부터 다음이 계산된다.

$$N_{fi,pl,Rd,w} = 13.8 \times 217.4 \times 278.53/1000 = 835.6\,kN$$

$$(EI)_{fi,w,z} = 205{,}000 \times 217.4 \times 13.8^3/12/10^9 = 9.8\,kNm^2$$

콘크리트

표 G.3에 따라 $b_{c,fi}$ = 15.0 mm이다.

표 G.4에서 $\theta_{c,t}$ = 330.9 ℃이다. 표 6.4에서 $k_{c,\theta}$ = 0.819, $\epsilon_{cu,\theta}$ = 0.007927이다.

$$E_{c,sec,\theta} = 40 \times 0.819/0.007927 = 4{,}133.12\,N/mm^2$$

$$f_{c,\theta} = 0.819 \times 40 = 32.76\,N/mm^2$$

G.4(4)절로부터 다음이 얻어진다.

$$N_{fi,pl,Rd,c} = 0.86 \times (320.5 - 2 \times 21.7 - 2 \times 15) \times (309.2 - 13.8 - 2 \times 15) \times 32.76/1{,}000 = 1{,}847.85\,kN$$

$$(EI)_{fi,c,z} = 4133.2 \times (320.5 - 2 \times 21.7 - 2 \times 15) \times [(309.2 - 2 \times 15)^3 - 13.8^3]/12/10^9 = 1{,}852.1\,kN.m^2$$

총 소성내력은 다음과 같다.

$$N_{fi,pl,Rd} = 520.7 + 835.6 + 1{,}847.85 = 3{,}204.2\,kN$$

총 유효휨강성은 다음과 같다.

$$(EI)_{fi,eff,z} = 0.9 \times 1{,}966 + 1.0 \times 9.8 + 0.8 \times 1{,}852.1 = 3{,}260.88\,kNm^2$$

8.4.2.2 몇 가지 설계표

예제 8.3에 나와 있는 것처럼, 부록 G에 상세한 설계식이 분명하게 제시되어 있고 쉽게 따라 할 수 있음에도 불구하고, 아직도 많은 계산 절차가 요구된다. 설계자들이 이러한 유형의 합성기둥을 쉽게 활용하도록 도움을 주기 위해, Corus의 범용 기둥 강재 단면을 기준으로 소성내력과 유효휨강성에 대하여 부분 매입형 합성 기둥의 여러 설계 요소가 기여하는 정도를 구해놓은 계산 결과가 이미 나와 있다.

표 8.2에서부터 표 8.5에 이러한 계산 결과가 잘 나와 있으며, 강재 단면의 플랜지 및

웨브, 콘크리트의 소성내력과 유효휨강성이 나와 있다. 다음과 같은 재료 물성을 적용하여 표가 작성되었다.

- 강재: f_y = 275N/mm^2, E = 205,000N/mm^2, $\gamma_{M,fi,a}$ = 1.0
- 콘크리트: f_c = 25N/mm^2, $E_{c,sec}$ = 25/0.0025 = 10,000N/mm^2, $\gamma_{M,fi,c}$ = 1.0

완성도를 위해 표 8.2부터 표 8.5에는 내화 등급이 R120 이하인 모든 Corus 형강에 대한 값이 나와 있다. 하지만 높은 내화 등급에 일부 비교적 작은 형강을 사용하는 것이 적당하지 못할 것이라는 것은 자명하다.

철근은 크기나 위치가 고정되어 있지 않고 기여도 계산이 비교적 단순하고 간단하기 때문에 이 표에는 철근이 포함되어 있지 않다.

재료물성이나 안전계수가 위의 값과 다르다면 새로운 물성과 위의 초기 가정값의 비를 활용하여 표 8.2부터 표 8.5의 값을 수정해야 할 것이다.

표 8.2 표준내화 등급 R30의 부분 매입형 합성단면의 소성내력 및 유효휨강성

UC 단면	플랜지		웨브		콘크리트	
	소성내력 (kN)	유효휨강성 (kNm²)	소성내력 (kN)	유효휨강성 (kNm²)	소성내력 (kN)	유효휨강성 (kNm²)
356 × 406 × 634	6880	49105	555	3701	2255	8233
356 × 406 × 551	5867	40695	383	3256	2252	7859
356 × 406 × 467	4885	32775	235	2751	2250	7447
356 × 406 × 393	4027	26263	146	2337	2247	7112
356 × 406 × 340	3433	21903	96	2022	2245	6861
356 × 406 × 287	2853	17798	59	1709	2242	6615
356 × 406 × 235	2302	14021	32	1384	2240	6364
356 × 368 × 202	1907	10412	23	1237	2126	5366
356 × 368 × 177	1658	8935	15	1076	2125	5256
356 × 368 × 153	1422	7563	9	917	2123	5148
356 × 368 × 129	1185	6230	6	773	2122	5049
305 × 305 × 283	2496	9932	84	1729	1495	2822
305 × 305 × 240	2067	7997	53	1474	1493	2701
305 × 305 × 198	1664	6252	30	1216	1491	2580
305 × 305 × 158	1282	4689	17	998	1488	2477
305 × 305 × 137	1091	3929	11	868	1487	2417
305 × 305 × 118	923	3276	7	752	1486	2364
305 × 305 × 97	744	2596	4	617	1485	2303
254 × 254 × 167	1180	3007	25	961	988	1161
254 × 254 × 132	891	2179	12	757	986	1096
254 × 254 × 107	693	1645	7	628	984	1055
254 × 254 × 89	564	1304	4	502	983	1016
254 × 254 × 73	453	1035	2	416	982	989
203 × 203 × 86	460	758	5	473	610	397
203 × 203 × 71	374	607	3	369	609	377
203 × 203 × 60	301	489	2	343	608	371
203 × 203 × 52	259	418	1	287	607	361
203 × 203 × 46	225	362	1	260	606	355
152 × 152 × 37	114	133	1	200	327	98
152 × 152 × 30	88	104	1	1160	326	94
152 × 152 × 23	62	73	0	140	325	92

표 8.3 표준내화 등급 R60의 부분 매입형 합성단면의 소성내력 및 유효휨강성

UC 단면	플랜지		웨브		콘크리트	
	소성내력 (kN)	유효휨강성 (kNm^2)	소성내력 (kN)	유효휨강성 (kNm^2)	소성내력 (kN)	유효휨강성 (kNm^2)
356 × 406 × 634	2723	20832	508	3107	1841	4503
356 × 406 × 551	2314	17407	349	2708	1837	4272
356 × 406 × 467	1918	14152	213	2266	1832	4021
356 × 406 × 393	1575	11446	132	1905	1827	3817
356 × 406 × 340	1338	9617	86	1634	1824	3665
356 × 406 × 287	1108	7877	52	1369	1820	3516
356 × 406 × 235	890	6260	28	1098	1816	3364
356 × 368 × 202	733	4718	20	976	1714	2794
356 × 368 × 177	635	4069	13	845	1712	2728
356 × 368 × 153	543	3463	8	715	1710	2664
356 × 368 × 129	452	2868	5	599	1708	2606
305 × 305 × 283	939	4706	74	1353	1167	1385
305 × 305 × 240	772	3839	46	1140	1164	1316
305 × 305 × 198	618	3045	26	928	1160	1249
305 × 305 × 158	472	2319	15	751	1157	1191
305 × 305 × 137	403	1966	10	647	1155	1158
305 × 305 × 118	343	1658	6	556	1153	1128
305 × 305 × 97	279	1332	4	453	1151	1094
254 × 254 × 167	467	1736	21	684	731	510
254 × 254 × 132	360	1311	10	526	728	477
254 × 254 × 107	284	1023	6	427	725	455
254 × 254 × 89	234	833	3	337	723	436
254 × 254 × 73	189	666	2	275	722	422
203 × 203 × 86	192	494	4	282	417	148
203 × 203 × 71	156	396	2	214	415	140
203 × 203 × 60	125	320	2	193	414	137
203 × 203 × 52	108	274	1	158	413	132
203 × 203 × 46	94	237	1	141	412	130
152 × 152 × 37	54	91	1	73	192	27
152 × 152 × 30	43	71	0	54	191	25
152 × 152 × 23	31	50	0	42	189	24

표 8.4 표준내화 등급 R90의 부분 매입형 합성단면의 소성내력 및 유효휨강성

UC 단면	플랜지		웨브		콘크리트	
	소성내력 (kN)	유효휨강성 (kNm^2)	소성내력 (kN)	유효휨강성 (kNm^2)	소성내력 (kN)	유효휨강성 (kNm^2)
356 × 406 × 634	1437	15344	469	2640	1494	2750
356 × 406 × 551	1232	12879	320	2278	1485	2581
356 × 406 × 467	1032	10523	194	1884	1476	2399
356 × 406 × 393	856	8553	120	1565	1466	2250
356 × 406 × 340	733	7214	78	1330	1459	2140
356 × 406 × 287	612	5934	47	1102	142	2034
356 × 406 × 235	497	4737	25	873	1444	1926
356 × 368 × 202	415	3596	18	771	1350	1558
356 × 368 × 177	362	3110	12	663	1345	1513
356 × 368 × 153	312	2653	7	557	1341	1469
356 × 368 × 129	261	2203	4	463	1337	1428
305 × 305 × 283	559	3664	66	1058	870	700
305 × 305 × 240	467	3007	41	878	863	656
305 × 305 × 198	379	2401	23	702	856	613
305 × 305 × 158	295	1841	13	556	849	576
305 × 305 × 137	252	1562	8	474	846	555
305 × 305 × 118	215	1319	5	403	842	537
305 × 305 × 97	174	1060	3	323	838	516
254 × 254 × 167	291	1391	17	466	485	205
254 × 254 × 132	224	1053	8	345	479	186
254 × 254 × 107	177	823	5	270	474	174
254 × 254 × 89	146	671	2	207	470	164
254 × 254 × 73	119	537	1	164	466	156
203 × 203 × 86	132	405	3	132	224	39
203 × 203 × 71	109	326	1	92	221	36
203 × 203 × 60	89	263	1	58	216	33
203 × 203 × 52	77	225	1	58	216	33
203 × 203 × 46	68	196	0	48	215	32
152 × 152 × 37	47	78	0	0	63	3
152 × 152 × 30	37	61	0	0	62	2
152 × 152 × 23	27	43	0	0	60	2

표 8.5 표준내화 등급 R120의 부분 매입형 합성단면의 소성내력 및 유효휨강성

UC 단면	플랜지		웨브		콘크리트	
	소성내력 (kN)	유효휨강성 (kNm^2)	소성내력 (kN)	유효휨강성 (kNm^2)	소성내력 (kN)	유효휨강성 (kNm^2)
356 × 406 × 634	928	11662	449	2428	1120	1465
356 × 406 × 551	800	9789	306	2082	1104	1346
356 × 406 × 467	674	7999	185	1710	1087	1222
356 × 406 × 393	562	6501	113	1410	1071	1121
356 × 406 × 340	483	5484	73	1191	1058	1048
356 × 406 × 287	405	4511	44	980	1045	977
356 × 406 × 235	331	3601	24	771	1031	907
356 × 368 × 202	279	2734	17	678	944	699
356 × 368 × 177	244	2364	11	580	937	671
356 × 368 × 153	210	2017	7	485	930	644
356 × 368 × 129	176	1675	4	401	922	619
305 × 305 × 283	384	2786	61	924	545	259
305 × 305 × 240	323	2286	38	758	534	236
305 × 305 × 198	264	1825	21	599	523	213
305 × 305 × 158	207	1400	12	468	512	194
305 × 305 × 137	178	1188	8	395	505	183
305 × 305 × 118	152	1003	5	333	499	174
305 × 305 × 97	124	806	3	264	493	164
254 × 254 × 167	215	1058	15	367	229	46
254 × 254 × 132	168	801	7	262	219	39
254 × 254 × 107	134	626	4	199	212	35
254 × 254 × 89	111	510	2	148	207	32
254 × 254 × 73	90	409	1	114	202	29
203 × 203 × 86	101	308	2	63	51	2
203 × 203 × 71	83	248	1	36	48	2
203 × 203 × 60	68	200	1	21	46	2
203 × 203 × 52	59	172	0	12	44	1
203 × 203 × 46	51	149	0	6	43	1
152 × 152 × 37	36	59	0	0	0	0
152 × 152 × 30	28	47	0	0	0	0
152 × 152 × 23	20	33	0	0	1	0

다음은 이러한 표를 활용하는 방법에 대한 예제이다.

예제 8.4 설계표의 활용법

표 8.3의 정보를 활용하여 예제 8.3에서의 강재 소성내력 및 유효휨강성을 다시 계산한다.

계산 결과

표 8.3에서 강재 단면의 플랜지와 웨브, 그리고 콘크리트가 합성단면의 소성 내력과 유효 휨 강성도에 기여하는 정도는 다음과 같다.

	$N_{fi,pl,Rd}$(kN)	$(EI)_{fi,eff,z}$(kNm^2)
플랜지	403.4	1955.9
웨브	647.4	9.8
콘크리트	1154.9	1157.6

합성단면의 소성내력은 다음과 같다.

$$N_{fi,pl,Rd} = (403.4 + 647.4) \times 355/275 + 1{,}154.9 \times 40/25 = 3{,}204.3\,\text{kN}$$

합성단면의 유효휨강성은 다음과 같다.

$$(EI)_{fi,eff,z} = 0.9 \times 1{,}955.9 + 9.8 + 0.8 \times 40/25 \times 1{,}157.6 = 3{,}260.93\,\text{kNm}^2$$

편심 하중

건축물에서는 기둥에 편심 하중이 작용할 수 있다. 상온에서조차 편심이 작용하는 합성기둥의 압축내력을 산정하는 것은 이미 다소 복잡하고 긴 과정이다. 이러한 계산과정에 균일하지 않은 온도분포가 추가되면 간단한 수계산으로 유도하는 것이 극히 어렵게 된다. 하지만 공칭편심이 작용하는 합성기둥의 경우에는 편심의 효과가 비교적 작기 때문에 EN 1994-1-2의 부속서 G에서는 다음과 같이 화재 시 편심 하중이 작용하여 기둥의 압축내력이 감소되는 것을 간단한 스케일링 식을 사용하여 계산할 수 있도록 허용하고 있다.

$$N_{fi,Rd,\delta} = N_{fi,Rd}\frac{N_{Rd,\delta}}{N_{Rd}} \tag{8.16}$$

여기서, N_{Rd}와 $N_{\mathrm{Rd},\delta}$는 각각 하중의 편심 δ가 적용될 때와 적용되지 않을 때 기둥의 상온압축내력이다. $N_{\mathrm{fi,Rd}}$는 화재 시 하중의 편심이 없는 경우에 대한 기둥의 압축내력이다.

8.4.3 콘크리트충전강관기둥에 대한 대안 설계법

EN 1994-1-2의 부속서 H에 있는 대안 설계법은 8.4.1절에 나와 있는 일반적인 설계법과 전혀 다르다.

부속서 H의 대안 설계법을 활용할 때는 축하중에 대한 설계압축내력을 구할 때까지 기둥의 변형률을 증가시켜 나가는 단계별 접근법이 필요하다. 각 단계에서는 합성기둥의 소성내력 및 오일러 좌굴하중을 평가한다. 기둥의 소성내력은 일반적인 설계법에 있는 것과 다르게 계산한다. 기둥 단면의 각 구성 요소별 면적에 응력을 곱한 것의 합으로 계산한다. 여기서 응력은 현재 단계에서의 기둥 변형에 대한 재료의 응력-변형률 관계로부터 가져온다. 따라서 재료의 변형률이 증가함에 따라 합성 기둥의 소성내력도 증가한다. 이러한 상황이 그림 8.5의 곡선 1로 나와 있다. 한편, 합성 기둥의 오일러 좌굴하중은 현재 단계에서의 재료 온도 및 변형에서 재료의 응력-변형률 관계에서의 접선탄성계수를 사용하여 계산한다. 재료의 접선탄성계수는 변형이 증가함에 따라 감소하기 때문에 합성기둥의 오일러 좌굴하중도 변형률이 증가함에 따라 감소한다. 이 상황이 그림 8.5의 곡선 2로 나와 있다. 두 곡선이 만날 때 기둥의 소성내력이 오일러 좌굴하중과 같게 되고, 이 값이 합성기둥의 설계압축강도가 된다.

부속서 H에서는 대안 설계법의 적용 범위를 제한하지 않는다. 안전측을 위하여 EN 1994-1-2의 4.3.5.3(2)절에 나와 있는 일반적인 설계법의 제한사항을 확인할 필요가 있다.

EN 1994-1-2의 부속서 H에 나와 있는 대안 설계법을 수계산으로 수행하기는 극히 어려울 것이다. 균일하지 않은 온도분포를 다루어야 할 뿐만 아니라 고온에서의 콘크리트 및 강재의 세부적 응력-변형률 관계도 필요하다. 설계자들에게는 일반적인 설계법을 사용하도록 추천한다.

8.4.3.1 편심 하중

부분 매입형 합성기둥에 대한 대안 설계법과 비슷하게 하중의 편심도 매우 간단한 방법으로 고려하고 있다. 편심 하중을 받는 콘크리트충전강관기둥의 설계강도는 중심축력

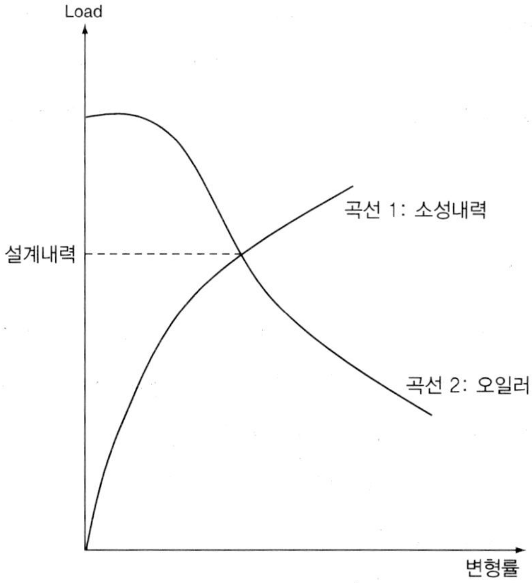

그림 8.5 부록 H를 이용한 콘크리트충전 강관 기둥의 설계내력

을 받을 때의 설계강도에 두 가지 계수를 곱하는 방법으로 구한다. 계수 중 하나는 철근비에 의해 결정되고(ϕ_s), 다른 하나는 기둥의 세장비와 하중의 편심에 의해 결정된다(ϕ_δ). 이러한 수정계수의 값들은 각각 EN 1994-1-2의 그림 H1과 H2에 각각 그래프 형태로 제시되어 있다.

8.5 철근콘크리트 기둥

EN 1992-1-2에서는 철근콘크리트 기둥에 대한 두 가지 약산법이 제시되어 있다. 첫 번째는 부속서 B.1의 '500℃ 등온선법(isotherm method)'이고, 두 번째는 부속서 B.2의 '구역법(zone method)'이다. 표준화재 조건에 노출되는 철근콘크리트 기둥의 경우 어느 쪽의 방법을 사용해도 된다. EN 1991-1-2의 매개변수화재곡선(3장)에 노출되는 철근콘크리트 기둥에는 500℃ 등온선법만을 적용할 수 있다. 매개변수화재곡선을 활용하는 경우, 방화구획의 개구부 계수(3.5절)는 0.14 $m^{1/2}$ 이상이어야 한다.

8.5.1 500℃ 등온선법(500℃ isotherm method)

이 방법에서는 500℃를 초과하는 콘크리트의 경우 강도나 강성이 무시되는 반면, 500℃ 미만으로 가열된 콘크리트는 상온과 같은 수준의 강도와 강성을 유지하는 것으로 가정한다. 그 다음, 상온 설계와 같이 콘크리트 기둥을 설계하지만 줄어든 단면 크기를 적용해야 한다. 철근 중 일부가 감소된 콘크리트 단면을 벗어나더라도 모든 철근을 계산에 포함시켜야 한다. 모든 철근의 강도는 적절히 상승된 온도에 해당하는 강도를 적용한다.

8.5.2 구역법(Zone method)

구역법은 직사각형 단면에만 적합하다. 이 방법에서는 화재 손상을 반영하여 콘크리트의 원래 단면을 줄인다. 손상이 발생한 구역은 전체 콘크리트 단면에 대한 온도분포의 함수로 나타낸다. 그 다음에는 (원래의 단면에서 손상이 발생한 구역을 뺀) 나머지 콘크리트 단면만 기둥의 강도 계산에 사용한다. 500℃ 등온선법과는 다르게 콘크리트 단면이 줄어들면 강도와 탄성계수도 줄어든다.

예제를 통해 이 방법의 적용법을 알아보자.

예제 8.5 구역법의 응용

그림 8.6에는 4개 표면 모두가 가열되는 직사각형 콘크리트 단면이 있다. 구역법에서는 손상이 발생한 구역의 두께가 단면의 단변쪽과 장변쪽에서 같기 때문에 단면의 단변쪽에서 결정된다고 가정한다. 따라서 그림 8.6(a)에 나와 있듯이 콘크리트 단면의 폭(단변= $2w_1$)은 $2a_{z1}$만큼 줄어들고 콘크리트 단면의 깊이(장변)도 $2a_{z1}$만큼 줄어든다.

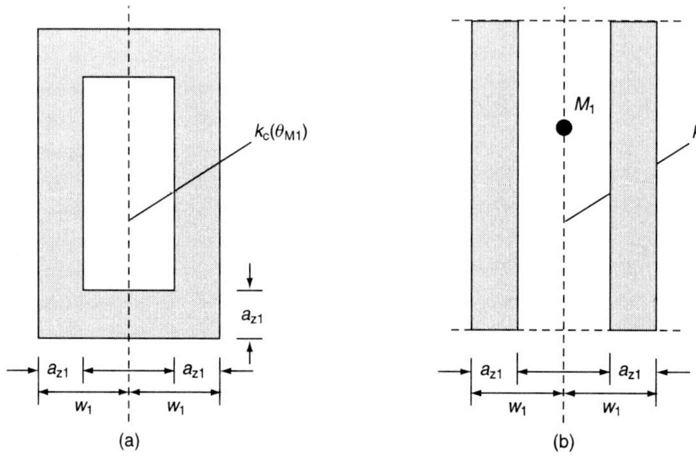

그림 8.6 철근콘크리트 기둥에 대한 콘크리트 단면의 감소: (a) 기둥 단면, (b) 등가의 벽

단변쪽의 손상이 발생한 구역을 결정하기 위해서는 장변쪽의 효과를 무시하여 기둥 단면이 등가의 벽이 되게 한다(그림 8.6(b)). 벽 두께는 $2w_1$이고, 벽의 중심은 벽의 중심선 위의 어느 한 곳에 위치한 점 M_1로 나타낸다고 가정한다.
벽 두께의 반(w_1)을 두께가 같은 n개의 평행한 구역으로 나눈다(n≥3). 각 구역의 온도는 구역의 중심의 온도와 같다고 가정한다. 표 6.4를 활용하여 구역 온도에 해당하는 구역의 압축강도 감소계수를 찾을 수 있다. 벽 두께의 절반 전체에 대한 평균 강도감소계수는 다음과 같이 산정할 수 있다.

$$k_{c,m} = \frac{(1-0.2/n)}{n}\sum_{i=1}^{n} k_c(\theta_i) \qquad (8.17)$$

여기서, 첨자 i는 구역 번호, θ_i는 구역의 온도, 그리고 $k_c(\theta_i)$는 구역의 강도감소계수를 의미한다. 각 구역 내에서 온도 변화를 허용하도록 계수 $(1-0.2/n)$을 포함시킨다.
화재 손상이 발생한 구역의 두께는 다음과 같이 주어진다.

$$a_{z1} = w_1\left[1-\left(\frac{k_{c,m}}{k_c(\theta_m)}\right)^a\right] \qquad (8.18)$$

여기서, θ_m은 온도, $k_c(\theta_m)$은 벽의 중심선을 따라 있는 지점 M_1에서의 강도감소계수이다. 압축재(기둥 및 벽)의 경우 α = 1.3이고, 휨재(보 및 슬래브)의 경우 α = 1이다.
기둥이 네 방향에서 가열되지 않는 경우에는 화재에 노출되는 방향만 손상 구역으로 고려해야 한다. 한 방향으로만 기둥이 가열되는 경우에는 그림 8.6(b)에서 등가 벽의 반이 된다. 추측해 보면, 직사각형 기둥 단면이 세 방향만 가열되고 가열되지 않는 면이 단변 방향이라면 그림 8.6(b)에서 등가 벽의 절반-두께는 단변 혹은 장변의 반 중에 짧은 쪽이 되어야 한다.
감소한 콘크리트 단면을 결정한 다음에는 EN 1992-1-1의 상온설계법을 사용하여 철근콘크리트 기둥의 설계압축내력을 산정한다. 하지만, 콘크리트의 설계강도 및 탄성계수는 단면의 중심선을 따라 있는 지점 M_1에서의 온도에 따라 줄여야 한다. 500℃ 등온선법에서와 같이 철근은 감소한 콘크리트 단면을 벗어나더라도 모든 철근을 포함하여 개별적으로 계산해야 한다.

8.5.3 추가 사항

500℃ 등온선법과 구역법을 비교해 보면, 구역법이 훨씬 더 번거롭다는 것이 자명하다. 따라서 가능하다면 500℃ 등온선법을 활용하도록 권한다. 500℃ 등온선법을 활용하여

기둥을 설계해도 충분한 내력이 나오지 않고 단면 크기나 철근을 증가시킬 수 없을 때만 구역법을 사용해야 한다. 500℃ 등온선법과 구역법 모두 축력과 휨모멘트가 동시에 작용하는 기둥을 설계하는데 적용할 수 있다.

철근콘크리트 기둥은 화재조건에서 온도가 증가했을 때 탄성계수가 감소하고 유효단면적이 감소하기 때문에 2차 효과가 상온에서보다 두드러지게 나타날 것이다. EN 1992-1-1의 정의에 따라 콘크리트 기둥이 세장해지면 EN 1992-1-2의 부속서 B.3에 따라 증가한 2차 효과를 다루어야 한다. 이 설계법에서는 EN 1992-1-1의 상온설계법을 따르기는 하지만 다소 복잡하므로 수치해석적 방법으로 적용해야 할 것이다. 그 대신에 EN 1992-1-2의 부속서 C의 설계표 결과를 활용할 수도 있다. 이 결과는 부속서 B.3의 계산 절차를 수치적으로 적용하여 구해진 것이다.

직사각형이 아닌 단면의 철근콘크리트 기둥에는 상세계산법을 사용해야 한다.

CHAPTER

09

휨부재 설계

내화구조설계 가이드북

내화구조설계 가이드북

STRUCTURAL
FIRE ENGINEERING
DESIGN
GUIDEBOOK

09

CHAPTER

휨부재 설계

9.1 개요

이 장에서는 강재보, 합성보 및 철근콘크리트 보를 포함하여 휨부재(보)의 설계에 관한 지침을 제공한다. 합성보의 경우 EN 1994-1-2에서 여러 가지 유형의 합성보에 대해 근사계산법을 다양하게 제공한다. 이러한 방법을 따로따로 다룰 것이다.
보 단면의 온도는 입력 데이터로 제공한다고 가정한다. 또는 독자들은 4장의 지침을 참조해야 한다.

9.2 강재보

화재한계상태에서 강재보에 대한 설계는 상온에 대해 EN 1993-1-1에 나와 있는 계산과 비슷하다. EN 1993-1-2에서 강재보는 다음과 같은 사항을 점검해야 한다.

- 휨모멘트 내력
- 전단내력
- 횡-비틀림 좌굴 내력
- 변형한계

9.2.1 휨모멘트 내력

일반적으로 강재보의 경우 보 상부는 바닥으로 차열된 상태에서 세 방향으로 화재에 노출되므로 보 단면의 온도분포가 균일하지 않은 경향이 있다. 온도분포가 균일하지 않다는 것은 강재의 강도와 강성이 단면의 위치에 따라 다를 것이며, 이를 설계에서 고려해야 한다는 것을 의미한다.

EN 1993-1-2에서 1등급 또는 2등급 단면의 휨모멘트 내력은 단면의 소성휨모멘트 내력과 같으며, 두 가지 방법을 이용하여 계산할 수 있다. 소성휨모멘트 내력계산(4.2.3.3(2))의 첫 번째 방법은 강재의 단면을 여러 개의 블록으로 분할한다. 각 블록은 항복강도에 도달한다고 가정한다. 단면을 축하중 지지력이 같은 압축부분과 인장부분으로 분할하는 단면의 소성중립축을 찾은 후, 모든 블록의 기여도를 합하여 단면의 소성휨모멘트 내력을 구한다. 이 방법에는 전체 단면의 온도에 관한 정보가 있어야 한다. 대체할 수 있는 방법(4.2.3.3(3))으로 온도분포가 균일하지 않은 단면의 소성휨모멘트 내력은 다음과 같이 온도분포가 균일한 내력과 관련이 있다.

$$M_{\mathrm{fi,t,Rd}} = \frac{M_{\mathrm{fi},\theta,\mathrm{Rd}}}{\kappa_1} \tag{9.1}$$

여기서, $M_{\mathrm{fi,t,Rd}}$는 온도분포가 균일하지 않은 단면의 소성휨모멘트 내력이고, $\kappa_1(=0.7)$은 보정계수이고, $M_{\mathrm{fi},\theta,\mathrm{Rd}}$는 균일한 온도 θ에서 단면의 소성휨모멘트 내력이다. 재료의 부분적인 안전계수는 제외하고 $M_{\mathrm{fi},\theta,\mathrm{Rd}}$는 상온에서 단면의 소성휨모멘트 내력에 강재의 항복강도 감소계수(표 6.1의 $k_{\mathrm{y},\theta}$)를 곱하여 구한다. EN 1993-1-2에서 균일한 온도 θ는 '지점으로부터 열 영향을 받지 않는 단면에서 시간 t의 균일온도 θ_a'라고 한다. 이것은 다소 혼란스러운 정의이다. 단면의 하부플랜지가 가장 중요한 요소이기 때문에 균일온도 θ는 지점에서 떨어져 있는 하부플랜지의 온도로 정해야 한다.

3등급 단면에는 식 9.1을 사용해야 한다. 그러나 $M_{\mathrm{fi},\theta,\mathrm{Rd}}$는 균일온도 θ에서 단면의 탄성휨모멘트 내력으로 정해야 한다.

아래에 제공한 예제는 두 계산 방법을 설명한다.

예제 9.1 휨모멘트 내력의 계산

그림 9.1은 457×152×67UB로 만들어진 강재보 단면의 온도분포이다. 단면의 소성휨모멘트를 평가해야 한다. 강재 등급은 S275이고 재료의 안전계수는 1.0이다.

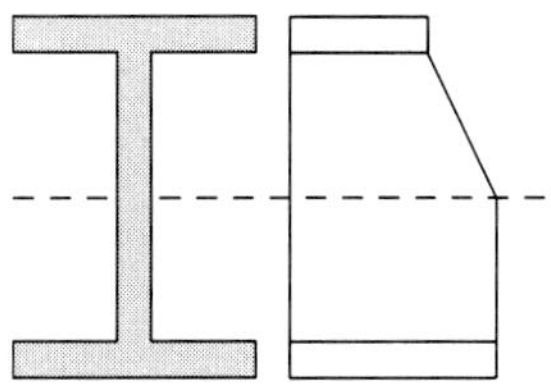

그림 9.1. 예 9.1에서 가정한 온도분포

계산 결과

방법 1 : 소성휨모멘트 내력 계산 방법

단면이 1등급인지 검토해야 한다. 단면은 상부플랜지(153.8mm×15.0mm), 웨브 춤의 최상위 1/4, 중심선 바로 위에 있는 웨브 춤의 1/4(상부 1/4 웨브), 중심선 아래에 있는 웨브의 1/2(하부 1/2 웨브) 및 하부플랜지로 구성되는 5개 층으로 분할된다. 전체 단면의 필릿부 반경의 면적은 웨브를 따라 균등하게 분포한다고 가정하여, 계산에서는 9.22mm의 웨브 두께를 사용한다. 결과가 표 9.1에 요약되어 있다. 이 표에서 단면의 하부는 인장이 적용되고 상부는 압축이 적용된다고 가정한다. 상부플랜지의 압축내력은 다른 부분들의 인장내력을 합친 것보다 크기 때문에 소성중립축은 상부플랜지에 있으며, 상부플랜지는 다시 2개의 층으로 분할된다. 2개 층은 단면의 인장내력과 압축내력이 같도록 하나는 압축력이 작용하고(두께 : 14.876mm) 다른 하나에는 인장력이 작용한다(두께 : 0.124mm).

표 9.1 예제 9.1에 대한 계산 결과

위치	온도 (℃)	설계강도 (N/mm^2)	내력 (kN)	중립축(PNA)까지 거리(mm)	휨모멘트 (kN · m)
상부 플랜지	550	0.625 × 275 = 171.9	393.3 (C)	7.438 (C)	2.925
			3.28 (T)	0.062 (T)	0.002
웨브 최상부 $\frac{1}{4}$	600	0.47 × 275 = 129.25	127.5 (T)	53.624 (T)	6.837
웨브 상부 $\frac{1}{4}$	700	0.23 × 275 = 63.25	62.40 (T)	160.624 (T)	10.023
웨브 하부 $\frac{1}{2}$	750	0.17 × 275 = 46.75	92.24 (T)	321.124 (T)	29.620
하부 플랜지	750	46.75	107.85 (T)	435.624 (T)	46.982
소계	—	—	C = T = 393.3	—	96.389

PNA : 소성중립축

단면의 소성휨모멘트 내력은 $M_{\mathrm{pl.t.RD}} = 96.389\,\mathrm{kNm}$ 이다.

방법 2 : 식 9.1
소성단면계수는 1,453cm^{3}이다. 단면의 소성휨모멘트 내력은 다음과 같다.

$$M_{\mathrm{pl.t.RD}} = (0.17 \times 0.275 \times 1453)/0.7 = 97.04\,\mathrm{kNm}$$

균일한 온도분포를 갖는 단면방법과 특정한 온도분포의 산정방법은 거의 동일한 답이 나온다. 일반적으로 대체할 수 있는 방법(식 9.1)은 적당하게 정확한 것으로 나타났다. 보다 복잡한 소성휨모멘트 내력 산정 방법은 비균일 온도분포가 매우 가파르게 나타나는 단면을 다룰 때 유용하다(예 : 비대칭앵글(Shelf Angle) 보 또는 슬림플로어 보(Slim Floor Beam)).

임계온도법

보 설계의 목적이 주어진 하중에서 보가 견딜 수 있는 최대 온도를 찾는 것인 경우가 가끔 있다. 횡-비틀림 좌굴의 문제가 없고(화재한계상태에서 거의 나타나는) 보 설계가 휨모멘트 내력으로 결정된다면, EN 1993-1-2의 4.2.4의 임계온도법을 사용할 수 있다. 임계온도는 보가 견딜 수 있는 최대 온도이고, 임계온도법은 사실 BS 5950 Part 8의 한계온도법과 같은 방법이다.[12] 임계온도법에서 보의 임계온도는 보의 이용률(μ_0)와 관련이 있다. 이용률은 화재한계상태에서 보에 작용하는 최대 휨모멘트와 상온에서 보의 휨모멘트 내력비이다. 즉, 1등급 또는 2등급의 단면에서 소성휨모멘트 내력이며 3등급 단면에서는 탄성휨모멘트 내력이다. 온도분포가 균일하지 않은 단면에서 이용률은 계수 $\kappa_1 (= 0.7)$을 곱하여 수정해야 한다. 임계온도법과 이용률 계수 사이의 관계는 다음과 같다.

$$\theta_{\mathrm{a,cr}} = 39.19 \ln\left(\frac{1}{0.9674\mu_0^{3.833}} - 1\right) + 482 \tag{9.2}$$

다음 예제에서는 임계온도법의 적용을 설명한다.

예제 9.2 임계온도법

예제 9.1에서 사용한 단면의 임계온도를 계산한다. 화재한계상태에서 보에 작용하는 최대 휨모멘트는 위의 예제 9.1의 방법 2를 사용하여 계산한 소성휨모멘트 내력과 같다고 가정한다.

계산 결과

이용률은 다음과 같다.

$$\mu_0 = 0.7 \times 97.04/(0.275 \times 1453) = 0.17$$

식 9.2에서 $\theta_{a.cr} = 749.4℃$이다. 이 임계온도는 예제 9.1에서 사용한 750℃의 최대 온도와 같다. 임계온도-이용률 관계(식 9.2)는 표 6.1에 나와 있는 강재의 유효항복강도-온도 관계를 맞춤한 결과이므로 이것은 놀라운 일이 아니다.

9.2.2 전단내력

화재 시에 강재 단면의 전단내력 계산은 상온과 동일한 과정을 따른다. 즉, 단면의 전단내력은 웨브의 전단내력이다. 4.2.3.3(6)에서 웨브의 기준온도는 웨브의 평균온도로 정의한다. 엄격히 말하자면 평균화 과정은 웨브의 온도 대신에 웨브의 강재 설계강도에 적용해야 하므로 이것은 근사값이다. 그러나 웨브의 강재 설계강도 평균화는 더 많은 수고가 들 것이다. 아래의 풀이 예를 사용하여 두 평균화 과정의 차이를 보여줄 수 있다.

예제 9.3 전단내력의 계산

예제 9.1 단면의 전단내력을 계산한다.

계산 결과

(1) 웨브의 평균온도를 사용

웨브의 평균온도는 다음과 같다.

$$\frac{1}{2} \times [(550 + 750)/2 + 750] = 700℃$$

표 6.1에서 강재의 항복강도에 대한 감소계수 $k_{y,\theta,web} = 0.23$이다.

(2) 웨브의 평균 설계강도를 사용

예제 9.1에서처럼 웨브가 3개의 부분으로 분할된다고 가정한다. 웨브의 항복강도에 대한 평균 감소계수는 다음과 같다.

$$k_{y,\theta,web} = \frac{1}{2} \times [(0.47 + 0.23)/2 + 0.17] = 0.26$$

웨브 평균온도 계산은 전체 웨브의 온도분포를 알아야 하므로 쉽지 않을 수 있다. 전단내력은 설계를 좌우하지 않으므로 웨브 온도는 가열된 플랜지의 온도와 같다고 가정해도 안전하다.

9.2.3 횡-비틀림 좌굴

강재보의 횡-비틀림 좌굴은 화재한계상태에서 문제가 되는 경우가 거의 없어야 한다. EN 1993-1-2에 계산 방법이 간략하게 설명되어 있다.

9.2.3.1 단면에서 온도분포가 균일한 강재보

단면에서 온도분포가 균일한 보의 경우, 화재한계상태에서 보의 횡-비틀림 좌굴 내력 계산은 EN 1993-1-1의 상온일 때와 같은 절차를 사용한다. 그러나 두 가지 수정사항이 있다. (1) 보의 세장비는 온도가 증가했을 때 강재의 항복강도 감소계수와 탄성계수의 차이를 계산하기 위해 수정해야 한다. (2) 화재한계상태에서 횡-비틀림 좌굴에 대한 강도감소계수는 EN 1993-1-1의 좌굴 곡선 대신 식 8.3을 따른다. 두 수정사항은 8.3에서 이미 설명한 강재 기둥과 같다.

9.2.3.2 단면에서 온도분포가 균일하지 않은 강재보

강재보의 단면에 온도분포가 균일하지 않을 때, 횡-비틀림 좌굴 내력을 확인하는 계산 방법은 온도분포가 균일한 보의 경우와 같다. 그러나 압축플랜지의 최대온도 $\theta_{a,com}$ 는 보의 기준 균일온도로 사용해야 한다. 이것은 단면의 압축플랜지 온도가 가장 높을 때 보수적인 것이 된다. 그러나 이 방법은 단면의 압축플랜지가 가장 낮은 온도가 되면, 안전하지 않을 수 있다.

9.2.4 변형 제어

화재안전설계의 기본 목표는 화재 확산을 막는 것이다. 하중지지 부재에서, 주 설계기준은 구조적 붕괴를 피하는 것이므로 부재의 설계강도는 유로코드에서 주요 고려사항이다. 그러나 일부 보의 경우에는 변형도 제어해야 한다. 예를 들면, 변형 제어는 다음과 같은 두 사례에서 중요하다.

(1) 보의 큰 처짐은 내화피복재료에 큰 변형을 수반하므로 부서지기 쉽게 되어 강재보로부터 탈락할 수 있다.
(2) 보의 큰 변형은 보 아래 부재들을 분리하여 개구부가 생기게 하고, 내화구획의 차염성을 파괴하게 한다.

위의 두 사례에서 보 변형한계는 다를 가능성이 있다. 설계가 내화피복재료의 성능에 관련이 있으면, 변형한계는 내화피복재료의 효과가 없어지는 강재의 최대변형에 대응해야 한다. 일반적으로 흔히 사용되는 내화피복재료는 강재의 전강도를 유지할 수 있을 만큼 강재의 큰 변형을 수용할 수 있다. 그러나 내화피복재료가 큰 변형을 수용할 수 없으면, 강재의 설계강도는 내화피복재료의 적당한 최대 변형률에 해당하는 값으로 줄여야 한다.
두 번째 경우, 강재보가 내화구획의 차염성을 파괴하지 않으면서 얼마나 변형할 수 있는가를 적절하게 고려한 적이 없다. 그러나 구조적 변형은 최근 구조화재공학의 발전을 고려해 보면 구조적 붕괴를 일으키지 않으면서 매우 큰 값에 접근할 수 있으며, 구조적 강도에만 기초한 화재안전설계는 적당하지 않고 구조적 변형을 명확하게 검토할 필요가 있다. 이렇게 하려면, 다양한 유로코드를 약산법으로 수행할 수 없으므로 상세계산법을 사용해야 한다.

9.3 콘크리트 슬래브가 있고 세 방향으로 화재에 노출된 강재보

콘크리트 슬래브가 있고 세 방향에서 화재에 노출된 강재보는 강재보 또는 합성보로 설계할 수 있다. 9.2에서 강재보에 대한 설계를 설명하였다. 이 절에서는 강재보를 합성보로 설계할 경우의 추가 지침을 설명할 것이다.
이 유형의 합성보는 정모멘트가 작용할 때 보의 압축플랜지가 콘크리트 슬래브에 의해 구속되므로 횡-비틀림 좌굴을 검토할 필요가 없다(4.3.4.1.1). 지점 근처의 연속보에서 부모멘트가 적용될 때, 구속된 보의 길이는 짧을 것이며 휨모멘트의 기울기는 가파르다.

합성보의 수직전단내력(4.3.4.1.3)은 강재 단면의 전단내력으로 하며, 이것은 이미 위의 9.2.2에서 설명하였다.

합성보는 콘크리트 슬래브와 강재 단면 사이의 경계면에서 충분한 길이방향의 전단내력이 있어야 한다. 계산 방법(EN 1994-1-2의 4.3.4.1.5)은 상온일 때의 합성보에 대한 EN 1994-1-1에 있는 계산 방법과 같지만, 콘크리트 슬래브의 압축내력과 강재 단면의 인장내력은 콘크리트 슬래브와 강재에서 불균일한 온도분포를 설명해야 한다.

합성단면의 정모멘트 및 부모멘트 내력은 부모멘트가 적용되는 4등급 단면은 제외하고, 모든 등급의 단면에 대해 소성이론을 사용하여 계산할 수 있다(4.3.4.1.2). 계산과정은 EN 1994-1-1의 상온일 때와 같지만, 콘크리트 슬래브와 강재 단면, 보강철근의 불균일한 온도분포를 고려하여 온도가 상승했을 때 적절한 재료특성을 사용해야 한다.

길이방향 전단내력과 휨모멘트 내력은 위의 계산을 쉽게 하려면, 화재 시 스터드 전단연결재의 전단내력에 관한 자료가 있어야 한다. EN 1994-1-2에는 강재 단면 상부플랜지의 스터드 연결재와 콘크리트의 온도관계에 대한 간단한 권고사항이 나와 있다. 그 다음에는 이러한 온도를 사용하여 스터드 전단연결재와 콘크리트의 감소한 재료강도를 구하고, EN 1994-1-1의 관련된 식으로 치환하여 스터드 전단연결재의 감소한 전단내력을 구한다.

또는 임계온도법을 사용하여 정모멘트가 작용되는 합성보 하부플랜지의 임계온도를 평가할 수 있다. 이 방법은 매우 간단하고, 합성보가 이 절에서 설명한 상세한 계산과정을 거치지 않고 화재 시에 적합한지를 빠르게 평가하는 데 사용할 수 있다. 그러나 상온에서 부분합성으로 설계한 합성보의 경우, 임계온도법을 사용하면 합성보의 내력을 과소평가할 수 있다. 이 같은 현상은 임계온도법이 강재 단면보다 스터드 전단연결재의 성능을 더 고려하지 않기 때문이다. 이런 상황에서 EN 1994-1-2의 4.3.4.2.3에서 부분합성보는 약간 불충분한 것으로 나타나며, BS 5950의 제8장[12]의 현재 버전을 사용하면 더 높은 임계온도를 구할 수도 있다. 그러나 설계기준을 사용할 때 일관성을 보장하기 위해 설계자들은 화재 시에 합성보의 내력이 충분하다는 것을 증명하기 위해 EN 1994-1-2를 사용하여 상세한 계산을 수행해야 한다.

9.4 부분적으로 콘크리트로 둘러싸인 강재보로 구성된 합성보

부분적으로 콘크리트로 둘러싸인 강재로 구성된 합성보의 휨모멘트 내력은 두 가지 방법으로 계산할 수 있다. 첫 번째 방법은 화재시험이나 수치해석으로 합성단면의 온도분포를 알아야 한다. 9.2.1절과 예제 9.1에서 설명한 소성해석법은 각각의 상승한 온도에서 강재 단면과 콘크리트, 철근의 감소강도를 고려하여 사용할 수 있다.

부속서 F에 나와 있는 대체 방법은 콘크리트 슬래브를 표준화재 노출에만 적용할 수 있다. 대체할 수 있는 계산법은 합성단면의 온도분포를 계산할 필요가 없다. 대신 합성단면은 각각 동일한 기계적 특성을 갖는 몇 개의 블록으로 합성단면을 분할한다. 정모멘트 내력(그림 9.2 참조)을 계산하는 경우, 합성단면은 다음과 같이 분할한다.

- 콘크리트 단면 : 설계강도는 20℃일 때와 같고 두께는 감소
- 강재 단면의 상부플랜지 : 설계강도는 20℃일 때와 같고 유효 폭은 감소
- 웨브의 상부 : 20℃일 때 강재의 설계강도와 같음
- 웨브의 하부 : 강재의 설계강도 감소
- 강재 단면의 하부플랜지 : 강재의 설계강도 감소
- 강재 단면의 플랜지 사이에 있는 콘크리트 내부의 철근 : 설계강도 감소

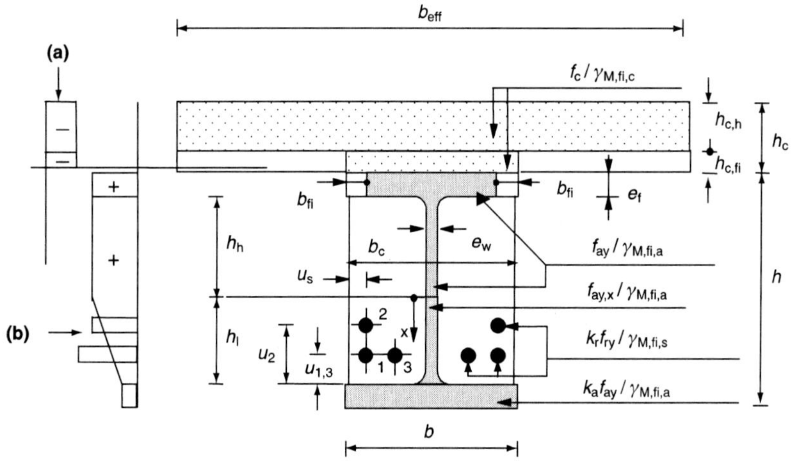

그림 9.2 정모멘트를 계산하기 위해 부분적으로 둘러싸인 합성단면의 요소
(a) 콘크리트 응력분포의 예 (b) 강재 응력분포의 예

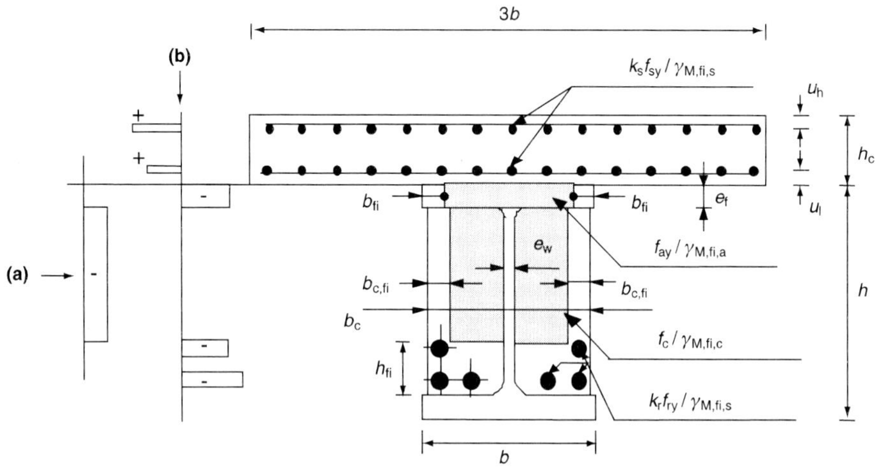

그림 9.3 부모멘트를 계산하기 위해 부분적으로 둘러싸인 합성단면의 요소
(a) 콘크리트 응력분포의 예 (b) 강재 응력분포의 예

부모멘트(그림 9.3 참조)를 계산하는 경우 합성단면은 다음과 같이 분할한다.

- 슬래브의 철근 : 설계강도 감소는 내화 등급과 철근의 위치에 의해 달라진다.
- 강재 단면의 상부플랜지 : 정모멘트 계산과 관련이 있음
- 강재 단면의 플랜지 사이의 콘크리트 : 단면은 감소하지만 상온일 때 콘크리트의 설계강도와 같음
- 강재 단면의 플랜지 사이에 있는 콘크리트 내부의 철근 : 정모멘트 계산과 관련이 있음

웨브와 강재 단면의 하부플랜지에 있는 콘크리트는 무시해야 한다.
강재 웨브의 수직전단내력을 확인하려면, 정모멘트 계산과 관련이 있는 강재 설계강도 분포를 사용해야 한다.
전단연결재는 상온에서 완전합성보로 가정하고, 강재 단면의 상부플랜지 유효 폭에 직접 고정돼야 한다.
아래에 부속서 F(Eurocode 4, Part 1-2)의 계산 방법을 설명하기 위한 예제가 있다(예제 9.4).

예제 9.4 부속서 F의 사용

그림 9.4에 부분적으로 둘러싸인 합성보 단면의 치수가 나와 있다. 필요한 표준내화 등급은 R60이다. 강재 등급은 S275이며 콘크리트의 압축강도는 25N/mm^{2}이다. 철근의 설계강도는 460N/mm^{2}이다. 재료에 대한 부분적인 안전계수는 1.0이다. 정모멘트와 단면의 전단내력을 계산한다.

계산 결과

(1) 콘크리트 슬래브

표 F.1에서 슬래브 두께의 감소 $h_{c,fi} = 20\text{mm}$이다. 슬래브의 유효두께는 $200 - 20 = 180\text{mm}$이다.

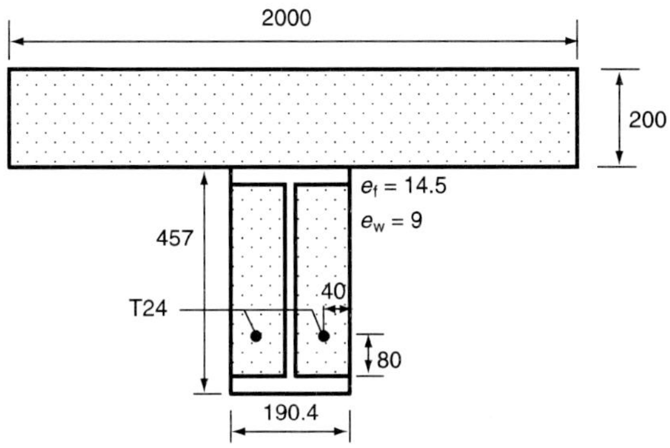

그림 9.4 예제 9.4에서 사용한 치수(단위 : mm)

(2) 강재 단면의 상부플랜지

표 F.2에서 플랜지 폭의 감소는 다음과 같다.

$$b_{fi} = 14.5/2 + 10 = 17.25\text{mm}$$

상부플랜지의 유효 폭은 다음과 같다.

$$190.4 - (2 \times 17.25) = 155.9\text{mm}$$

상부플랜지의 인장내력은 다음과 같다.

$$R_{a,uf} = 155.9 \times 14.5 \times 275/1,000 = 621.6\text{kN}$$

(3) 웨브의 상부

$$h/b_c = 457/190.4 = 2.4$$

표 F.3에서 $a_1 = 9,500\text{mm}^2$이고 $a_2 = 0$이다. 따라서 다음과 같다.

$$h_l = 9{,}500/190.4 = 49.9\text{mm}$$

$$h_h = 457 - (2 \times 14.5) - 49.9 = 378.1\text{mm}$$

웨브 상부의 인장내력은 다음과 같다.

$$R_{a.uw} = 378.1 \times 9.0 \times 275/1{,}000 = 935.8\text{kN}$$

(4) 웨브의 하부

$$a_0 = 0.18 \times 14.5 + 0.7 = 3.31$$

표 F.4에서 다음과 같다.

$$k_a = [0.21 - 26/190.4 + 457/(24 \times 190.4)] \times 3.31 = 0.57 > k_{a.max} = 0.4$$

따라서 $k_a = 0.4$이다.
웨브 하부의 인장내력은 다음과 같다.

$$R_{a.lw} = 49.9 \times 9.0 \times (1 + 0.4)/2 \times 275/1{,}000 = 86.5\text{kN}$$

인장내력의 중심은 웨브 하부로부터 21.4mm이다.

(5) 강재 단면의 하부플랜지
하부플랜지의 인장내력은 다음과 같다.

$$R_{a.lf} = 190.4 \times 14.5 \times 0.4 \times 275/1{,}000 = 303.7\text{kN}$$

(6) 추가 철근

$$A_m/V = (2 \times 457 + 190.4)/(457 \times 190.4) = 0.01269\text{mm}^{-1}$$

식 F.2로부터 다음과 같다.

$$u = 1/[1/80 + 1/40 + 1/(190.4 - 9.0 - 40)] = 22.4\text{mm}$$

표 F.5에서 다음과 같다.

$$k_r = (22.4 \times 0.034 - 0.04) \times 0.101/\sqrt{0.01269} = 0.647$$

2T24 철근의 총 단면적은 904.8mm^2이다. 따라서 철근의 인장내력은 다음과 같다.

$$R_s = 904.8 \times 0.647 \times 460/1,000 = 269.3\,\text{kN}$$

정모멘트

강재 단면과 철근의 전체 인장내력은 다음과 같다.

$$R_s = 621.6 + 935.8 + 86.5 + 303.7 + 269.3 = 2,261.9\,\text{kN}$$

유효 콘크리트 슬래브의 압축내력은 다음과 같다.

$$R_c = 2,000 \times 180 \times 0.85 \times 25/1,000 = 7,650\,\text{kN} > 2,261.9\,\text{kN}$$

압축 시 콘크리트의 춤은 다음과 같다.

$$d_c = 2,261.9/7,650 \times 180 = 53.22\,\text{mm}$$

콘크리트 슬래브의 상부 근처의 모멘트를 고려하면, 부분적으로 둘러싸인 합성단면의 정모멘트는 다음과 같다.

$$\begin{aligned} M_{\text{fi.t.Rd}} =& -2,261.9 \times 53.22/2/1,000 + 621.6 \times (200 + 14.5/2)/1,000 \\ & + 935.8 \times (200 + 14.5 + 378.1/2)/1,000 + 86.5 \\ & \times (200 + 457 - 14.5 - 21.4)/1,000 + 303.7 \\ & \times (200 + 457 - 14.5/2)/1,000 + 269.3 \times (200 + 457 - 14.5 - 80)/1,000 \\ =& \ 848.7\,\text{kN}\cdot\text{m} \end{aligned}$$

전단내력

강재 웨브의 전단내력은 다음과 같다.

$$\frac{935.8 + 86.5}{\sqrt{3}} = 590.2\,\text{kN}$$

9.5 철근콘크리트 보

EN 1992-1-2에는 철근콘크리트 보에 대해 2가지 계산 방법이 나와 있다. 첫 번째 계산 방법은 단독으로 사용할 수 있지만, 두 번째 계산 방법은 설계표 데이터와 함께 사용해야 한다. 첫 번째 계산 방법은 이미 8.5절에서 설명한 500℃ 등온선법이나 구역법에서 구한 감소된 콘크리트 단면을 기초로 한다. 감소된 콘크리트 단면이 결정되면, 상온에서 철근콘크리트 보에 대한 EN 1992-1-1의 방법과 동일한 방법으로 단면의 휨모멘트 내력을 계산한다.

화재한계상태에서 철근콘크리트 보의 전단 및 비틀림 내력을 검토할 때, 참조관련온도(reference link temperature)는 감소된 단면적의 유효인장면적의 한계선과 링크들의 교차점 온도로 정하여 EN 1992-1-1에 따라 계산한다.

두 번째 계산 방법은 EN 1992-1-2의 부록 E에 나와 있다. 이 방법은 EN 1992-1-2의 5절의 설계표 데이터의 적용 범위를 확장하는 데 사용된다. 설계표 데이터에는 철근콘크리트 보의 최소 치수와 철근에 대한 최소 콘크리트 피복두께가 나와 있다. EN 1992-1-2의 부록 E의 방법을 사용할 때, 철근콘크리트 보의 최소 치수는 변경할 수 없다. 그러므로 부록 E는 설계표 데이터에서 철근의 콘크리트 피복두께(축간 거리 a)를 줄이는 것을 정당화시키기 위해 필요한 경우에만 사용해야 한다. 또한, 이 계산 방법은 작용하는 하중이 주로 균일하게 분포된 경우에만 적용해야 한다.

9.6 EN 1992-1-2의 설계표 데이터에 관한 언급

철근콘크리트 보에 대한 설계표 데이터는 EN 1992-1-2의 표 5.5~5.7에 나와 있다. 표 5.5는 철근콘크리트 및 프리스트레스트 콘크리트로 만들어진 단순지지 보에 대한 것이고, 표 5.6은 철근콘크리트 및 프리스트레스트 콘크리트로 만들어진 연속보에 대한 것이다. 전단력이 큰 철근콘크리트 및 프리스트레스트 콘크리트 연속 H형강 보(5.6.3(6))에 대한 최소 보 폭과 웨브 두께가 표 5.7에 나와 있다.

설계표 데이터는 기존 철근의 경우에는 500℃의 임계강재온도(5.2.(4)), 프리스트레싱 긴장재의 경우에는 400℃, 스트랜드 및 와이어의 경우에는 350℃(5.2(5))를 기준으로 하며, $\eta_{fi} = 0.7$의 화재 상황에서 설계하중에 대한 감소계수에 해당한다(2.4.2). 설계하중 수준이 다른 경우, EN 1992-1-2는 철근의 축간 거리를 변경하는 것을 허용한다(5.2(7)과 5.2.(8)). 또한, 임계강재온도가 400℃보다 작으면 최소 단면치수를 증가시켜야 한다(5.2(10)).

CHAPTER

10

슬래브 설계

내화구조설계 가이드북

STRUCTURAL
FIRE ENGINEERING
DESIGN
GUIDEBOOK

10 CHAPTER 슬래브 설계

10.1 개요

이 장에서는 각각 EN 1994-1-2와 EN 1992-1-2에 따라 합성 슬래브와 철근콘크리트 슬래브의 설계에 관한 지침을 제공한다.

슬래브는 일반적으로 하중을 지지하지 않는 유형과 하중을 지지하는 유형의 두 가지로 구분할 수 있다. 하중을 지지하지 않는 슬래브는 충분한 차열성과 차염성의 내화 요구사항을 만족시켜야 한다. 하중지지 내화 슬래브는 차열성과 차염성 외에 충분한 하중지지력이라는 내화 요구사항도 만족시켜야 한다. 현재로서는 계산으로 차염성을 평가하기 어렵다. 화재안전설계가 EN 1994-1-2 또는 EN 1992-1-2에 나와 있는 설계표 데이터나 약산법을 따르면, 설계는 차염성의 내화 요구사항을 만족하고 추가 검토를 할 필요가 없다고 가정한다. 상세계산법을 사용하는 경우 설계자는 세부사항을 적절하게 기술하여 내화구획의 차염성을 유지하여 내화구획에서 대규모 구조적 변형을 수용할 수 있게 해야 한다. 다른 유형의 구조부재를 다룰 때와 비슷하게 이 장에서도 약산법을 이용하는 것에 관한 지침만 제공할 것이다.

10.2 합성 슬래브

합성 슬래브의 하중지지력과 차열성의 내화 요구사항을 모두 점검하려면 슬래브의 온도를 반드시 알아야 한다. EN 1994-1-2의 설계 관련 항에서 주로 중점을 두는 부분은 합성 슬래브의 다양한 부분에서 온도를 계산할 수 있는 식을 제공하는 것에 관한 것이다. 이러한 식(EN 1994-1-2의 부속서 D)은 Both[36]가 유도하였는데, Both는 유한요소 소프트웨어 DIANA를 사용하여 방대한 수치해석의 결과를 곡선으로 맞춤하였다. 상세한 식이 이 책의 4.5절에 나와 있다.

부속서 D의 계산 방법은 슬래브에서 강재 데크플레이트의 형태가 도브테일형과 골형 형상에도 적용할 수 있다. EN 1994-1-2의 4.3.2(8)에 나와 있는 적용 범위는 일반적으로 사용되는 강재 데크플레이트 유형의 목록을 기준으로 한다. 콘크리트는 보통콘크리트일 수도 있고 경량콘크리트일 수도 있다. EN 1994-1-2에서 언급하지는 않았지만 건조 중량으로 계산하였을 때 평균 함수량은 보통콘크리트 4%, 경량콘크리트 5%이다. 함수량이 증가하면 콘크리트 온도가 줄어들게 되므로, 부속서 D는 함수량이 비교적 높은 콘크리트에 안전하게 적용할 수 있다. 그러나 콘크리트의 함수량이 가정한 수준보다 훨씬 낮으면 추가로 열분석을 수행해야 할 수도 있다. (EN 1994-1-2의 부록 D에서 분명하게 언급하지 않은) Both[36]의 중요한 가정은 강재 데크플레이트가 콘크리트에 완전하게 결합된 상태를 유지한다는 것이다. 강재 데크플레이트는 일부 화재시험에서 분리되는 것으로 관찰되었다. 따라서 화재 시에 강재 데크플레이트가 분리된다고 간주하면, 슬래브의 휨모멘트 저항에서 강재 데크플레이트의 기여도를 포함시켜서는 안 된다.

아래의 예제는 EN 1994-1-2의 부록 D의 설계 권고사항을 단계별로 실행하는 것을 설명한다.

예제 10.1 합성 슬래브의 하중지지력

그림 10.1은 골형 데크플레이트를 이용한 연속 합성 슬래브의 단위 폭 단면의 치수이다. 이것은 화재 시에 하중이 균일하게 분포되는 합성 슬래브의 하중지지력을 계산하는 데 필요하다.

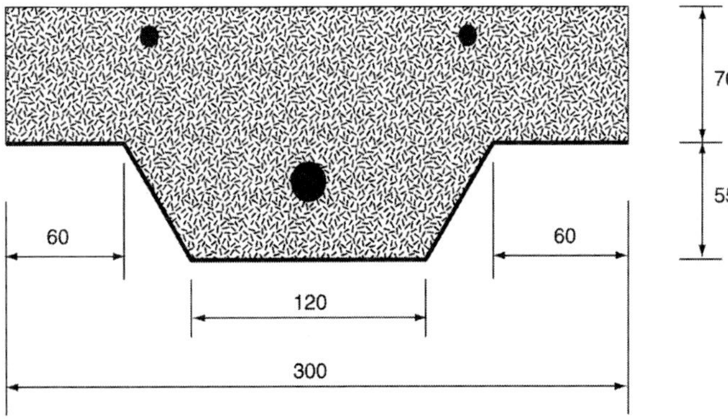

그림 10.1 슬래브의 단위 폭 치수(mm)

입력 데이터

슬래브 경간 : $L = 4.5$m

내화등급 : 60분

강재 데크플레이트 두께 : 1mm

강재 데크플레이트 등급 : S355 냉간성형

콘크리트 등급 : C30, 보통콘크리트, $\gamma_{M,fi,c} = 1.1$

상부 보강재 : A193 mm^2/m 메시, 축간 거리 = 20mm

추가 보강근 : 각 리브에 T12, 축간 거리 = 30mm

보강재 강도 : 460N/mm^2

계산 결과

그림 10.1의 치수로부터 그림 4.4와 4.5의 기하학적 치수를 다음과 같이 계산할 수 있다.

$l_1 = 180\text{mm},\ l_2 = l_3 = 120\text{mm},\ h_1 = 70\text{mm},\ h_2 = 55\text{mm},\ \alpha = 61.4°$

(비고 : 이러한 치수는 부록 D의 계산 방법의 적용 범위를 벗어난다. 그러나 설계방법의 응용을 설명하려는 목적으로 아직도 이 계산 방법을 사용하여 다음과 같은 계산을 수행하고 있다.)

$$A = 55 \times \left(\frac{180 + 120}{2}\right) = 8,250\,\text{mm}^2\cdot\text{m/m}$$

$$L_r = 120 + 2\sqrt{55^2 + \left(\frac{180 - 120}{2}\right)^2} = 245.3\,\text{mm}^2\cdot\text{m/m}$$

$\frac{A}{L_r}=33.63\text{mm},\ \Phi=0.809$

$u_1=u_2=\sqrt{30^2+60^2}=67.08\text{mm},\ u_3=30\text{mm}$ 식 4.1에서 $z=2.343\text{mm}^{0.5}$

(1) 차열성에 따른 내화성

보통콘크리트에 대해 (부록 D의) 표 D.1과 식 D.1을 사용하면 다음과 같다.

$t_i=-28.8+1.55\times70-12.6\times0.809+0.33\times33.63-735/120+48\times33.63/120=88$

(60분보다 크므로 합격이다.)

(2) 정모멘트 M_{fi,Rd^+}

강재 데크플레이트의 하부플랜지 :

(부록 D의) 표 D.2와 식 D.4를 사용하면 다음과 같다.

$\theta=951-1,197/120-2.32\times33.63+86.4\times0.809-150.7\times0.809^2=834.4℃$

표 6.1에 강도감소계수 $k=0.093$이 나와 있다.

면적 $A=120\text{mm}^2$

강재 데크플레이트의 웨브 :

$\theta=661-833/120-2.96\times33.63+537.7\times0.809-351.9\times0.809^2=759.2℃$

표 6.1에서 $k=0.159,\ A=125.3\text{mm}^2$이다.

강재 데크플레이트의 상부플랜지 :

$\theta=340-3,269/120-2.62\times33.63+1,148.4\times0.809-679.8\times0.809^2=708.8℃$

$k=0.219,\ A=120\text{mm}^2$

리브 내부의 철근 :

(부속서 D의) 표 D.3과 식 D.5를 사용하면 다음과 같다.

$\theta_s=1,191-250\times30/55-240\times2.343-5.01\times33.63+1.04\times61.4-925/120$

$=380℃$

표 6.6에 강도감소계수 $k=0.952$이다.

$A=113.1\text{mm}^2$

압축에서 콘크리트의 두께 :

콘크리트의 설계강도 $= 30/1.1 = 27.27\,\mathrm{N/mm^2}$

리브에서 강재 데크플레이트와 철근의 인장강도 :

$$120 \times 355 \times 0.093 + 125.3 \times 355 \times 0.159 + 120 \times 0.219 \times 355 + 113.1 \times 0.952 \times 460$$
$$= 3{,}961.8 + 7{,}072.6 + 9{,}329.4 + 49{,}529 = 69{,}893\,\mathrm{N}$$

EN 1994-1-2의 식 4.2에서 압축 시 콘크리트의 두께를 계산한다.

$$d_c = 69{,}893/(0.85 \times 300 \times 27.27) = 10.05\,\mathrm{mm}$$

압축 중심에서 모멘트를 계산하면, EN 1994-1-2의 식 4.3에서 정모멘트가 계산된다.

$$M_{\mathrm{fi,Rd^-}} = 3{,}961.8 \times (70 - 10.05/2 + 55 - 0.5) + 7{,}072.6 \times (70 - 10.05/2 + 55/2)$$
$$+ 9{,}329.4 \times (70 - 10.05/2 + 0.5) + 49{,}529 \times (70 - 10.05/2 + 55 - 30)$$
$$= 6{,}195{,}000\,\mathrm{N \cdot mm} = 6.195\,\mathrm{kN \cdot m}$$

(3) 부모멘트 $M_{\mathrm{fi,Rd^-}}$

부모멘트 면적 $= 193\mathrm{mm^2 \cdot m} \times 0.3\mathrm{m} = 57.9\mathrm{mm^2}$

$N = 57.9 \times 460 = 26{,}634\mathrm{N}$

표 D.3.3과 식 D.7(부록 D)을 사용하면 다음과 같다.

$$\theta_{\mathrm{lim}} = 867 - 1.9 \times 10^{-4} - 8.75 \times 33.63 - 123 \times 0.809 - 1{,}378/120 = 457℃$$

식 D.5는 다음과 같다.

$$457 = 1{,}191 - 250 \times 0.75 - 240 \times z - 5.01 \times 33.63 + 1.04 \times 61.4 - 925/120$$

$z = 1.809\mathrm{mm}^{0.5}$이다.

식 D.9는 다음과 같다.

$$Y_{\mathrm{I}} = Y_{\mathrm{II}} = \frac{1}{\left(\frac{1}{1.809} - \frac{4}{\sqrt{180+120}}\right)^2} = 9.65\,\mathrm{mm} < 55\,\mathrm{mm}$$

식 D.10은 다음과 같다.

$$X_{II} = \frac{1}{2} \times 120 + \frac{9.65}{\sin 61.4}(\cos 61.4 - 1) = 54.27\text{mm}$$

이 위치에서 108.54mm의 전체 유효콘크리트 폭이 주어진다.
단순하게 표현하기 위해 리브에서 콘크리트의 유효 폭이 일정하다고 가정한다. EN 1994-1-2의 식 4.2에서 압축 시 콘크리트의 두께는 다음과 같다.

$$d_c = 26,634/(0.85 \times 108.54 \times 27.27) = 10.59\text{mm}$$

EN 1994-1-2의 식 4.3에서 부모멘트 내력은 다음과 같다.

$$M_{fi,Rd^-} = 26,634 \times (125 - 20 - 9.65 - 10.59/2)/1,000,000 = 2.4\text{kN·m}$$

(4) 화재 시 합성 슬래브의 내력
소성해석과 소성힌지가 지점과 연속되는 슬래브의 중간에 있다고 가정하고, 다음으로부터 균일분포하중에 대한 슬래브 내력을 계산한다.

$$M_{fi,Rd^-} + M_{fi,Rd^-} = \frac{1}{8}\omega L^2$$

여기서, $L = 4.5\text{m}$이고, $w = 3.395\text{kN/m}$ 이다.
화재 시 균일분포하중에 대한 슬래브의 내력은 다음과 같다.

$$3.395/0.3 = 11.32\text{kN/m}^2$$

예제 10.2 부속서 D 적용

성형된 강재 데크플레이트의 무피복 합성 슬래브는 EN 1994-1-2:2005의 부록 D에 따른 표준 화재 노출에 대한 내화설계를 한다.

가정된 설계 매개변수

경간 =3.5m

슬래브 두께 =140mm

콘크리트 유형 : 경량콘크리트

콘크리트 압축강도 : $f_{ck} = 30\text{N/mm}^2$

데크플레이트 항복강도 : $f_a = 280\text{N/mm}^2$

메시 : A252

메시 항복강도 : $f_y = 500\text{N/mm}^2$

피복두께 : =15mm

내화성능 : 120분

데크플레이트의 형상은 다음과 같다.

$l_1 = 112.5\text{mm}; l_2 = 137.5\text{mm}; l_3 = 40.0\text{mm}$

$h_1 = 89.0\text{mm}; h_2 = 51.0\text{mm}\ ; h_3 = 0.0\text{mm}$

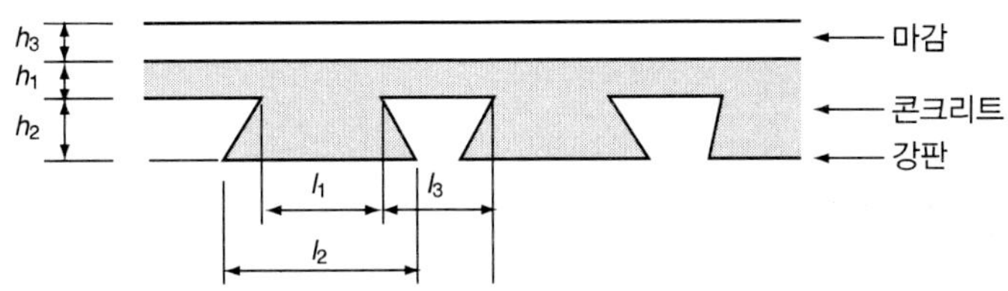

그림 10.2 데크플레이트 형상

가정된 설계조건

고정하중 :

슬래브 고정하중 $= 2.61\text{kN/m}^2$

천장 및 마감하중 $= 0.9\text{kN/m}^2$

고정하중의 합, $G_k = 3.51\text{kN/m}^2$

활하중

용도별 활하중 $= 2.5\text{kN/m}^2$

이동식 파티션하중 $= 0.8\text{kN/m}^2$

활하중의 합, $Q_k = 3.3\text{kN/m}^2$

상온에서의 하중조합

$$E_d = 1.35(3.51) + 1.5(3.30) = 9.69\text{kN/m}^2$$

화재 시 설계하중 :

범주 B에 대한 조합계수 $\psi_{1.1} = 0.5$: 사무실 지역(EN 1990, 표 NA.A1.1과 NA.A1.2 (A))

하중에 대한 부분계수 $\gamma_G = 1.35$, $\gamma_{Q.1} = 1.5$

감소계수

$$\eta_{fi} = \frac{G_k + \psi_{1.1} Q_{k.1}}{\gamma_G G_k + \gamma_{Q.1} Q_{k.1}} = 0.55 \qquad \text{(EN 1994-1-2, 2.4.2(3))}$$

화재 시 설계하중

$$E_{fi.d.t} = \eta_{fi} E_d = 5.33\text{kN/m}^2 \qquad \text{(EN 1994-1-2, 2.4.2(2))}$$

다음과 같이 적용 범위를 확인한다(EN 1994-1-2, 표 D.7).

$77.0 \sim 135.0$mm의 범위에서 $l_1 = 112.5\text{mm} \Rightarrow \text{OK}$

$111.0 \sim 150.0$mm의 범위에서 $l_2 = 137.5\text{mm} \Rightarrow \text{OK}$

$38.5 \sim 97.5$mm의 범위에서 $l_3 = 40.0\text{mm} \Rightarrow \text{OK}$

$50.0 \sim 130.0$mm의 범위에서 $h_1 = 89.0\text{mm} \Rightarrow \text{OK}$

$30.0 \sim 60.0$mm의 범위에서 $h_2 = 51.0\text{mm} \Rightarrow \text{OK}$

차열성(EN 1994-1-2, D.1(2), 식 (D.3))

상부플랜지의 형상계수 Φ는 다음과 같이 주어진다.

$$\Phi = \frac{1}{l_3}\left[\sqrt{h_2^2 + \left(l_3 + \frac{l_1 - l_2}{2}\right)^2} - \sqrt{h_2^2 + \left(\frac{l_1 - l_2}{2}\right)^2}\right]$$

$$= \frac{1}{40}\left[\sqrt{51^2 + \left(40 + \frac{112.5 - 137.5}{2}\right)^2} - \sqrt{51^2 + \left(\frac{112.5 - 137.5}{2}\right)^2}\right] = 0.136$$

형상계수 A/L_r는 다음과 같이 주어진다(EN 1994-1-2, 식 (D.2)).

$$\frac{A}{L_r}=\frac{h_2(l_1+l_2)/2}{l_2}=\frac{51(112.5+137.5)/2}{137.5}=\frac{6,375}{137.5}=46.36\,\mathrm{mm}$$

(비고 : L_r은 리브 1미터 길이당 리브의 노출 면적이며, 이 경우 상부플랜지로 간주한다.)

경량콘크리트의 경우에는 다음과 같다(표 D.1).

$a_0=-79.2$ min ; $a_1=2.18$ min/mm ; $a_2=-2.44$ min ; $a_3=0.56$ min/mm ;

$a_4=-542$ mm min ; $a_5=52.3$ min.

차열성과 관련된 내화성능 t_i(min)는 다음과 같이 주어진다(식 (D.1)).

$$t_i=a_0+a_1h_1+a_2\Phi+a_3\frac{A}{L_r}+a_4\frac{1}{l_3}+a_5\frac{A}{L_r}\frac{1}{l_3}$$

$$=-79.2+2.18\times89-2.44\times0.136+0.56\times46.36-\frac{542}{40}+\frac{52.3\times46.36}{40}$$

$$=187.5\text{분}>120\text{분}$$

하중지지력

정모멘트 및 부모멘트 내력은 회전단 휨모멘트와 비교하여 계산해야 한다.
회전단 휨모멘트 M_0는 다음과 같다.

$$M_0=\frac{L^2}{8}E_{fi,d,t}=\frac{3.5^2}{8}\times5.33=8.16\,\mathrm{kN{\cdot}m}\text{: : 1m 단위 폭}$$

정모멘트 M_{fi,Rd^+}

하부플랜지에 대한 온도계수(LWC 및 R120) :

$b_0=1,062$℃ ; $b_1=-399$℃mm ; $b_2=-0.65$℃mm ;

$b_3=19.8$℃ ; $b_4=-43.7$℃ (Table D.2)

하부플랜지의 온도 $\theta_{a,LF}$는 다음과 같이 주어진다(식 (D.4)).

$$\theta_{a,LF}=b_0+b_1\frac{1}{l_3}+b_2\frac{A}{L_r}+b_3\Phi+b_4\Phi^2$$

$$=1,062-\frac{399}{40}-0.65\times46.36+19.8\times0.136-43.7\times0.136^2$$

$$=1,023.8\text{℃}$$

웨브에 대한 온도계수(LWC 및 R120) :

$b_0 = 989℃$; $b_1 = -629℃mm$; $b_2 = -1.07℃mm$;

$b_3 = 186.1℃$; $b_4 = -152.6℃$ (표 D.2)

웨브의 온도 $\theta_{a.web}$는 다음과 같이 주어진다(식 (D.4)).

$$\theta_{a.web} = b_0 + b_1 \frac{1}{l_3} + b_2 \frac{A}{L_r} + b_3 \Phi + b_4 \Phi^2$$

$$= 989 - \frac{629}{40} - 1.07 \times 46.36 + 186.1 \times 0.136 - 152.6 \times 0.136^2$$

$$= 946.1℃$$

상부플랜지에 대한 온도계수(LWC 및 R120) :

$b_0 = 903℃$; $b_1 = -1,561℃mm$; $b_2 = -0.92℃mm$;

$b_3 = 305.2℃$; $b_4 = -197.2℃$ (Table D.2)

상부플랜지의 온도 $\theta_{a.UF}$는 다음과 같이 주어진다(식 (D.4)).

$$\theta_{a.UF} = b_0 + b_1 \frac{1}{l_3} + b_2 \frac{A}{L_r} + b_3 \Phi + b_4 \Phi^2$$

$$= 903 - \frac{1,561}{40} - 0.92 \times 46.36 + 305.2 \times 0.136 - 197.2 \times 0.136^2$$

$$= 859.2℃$$

유효 춤 :

$$\frac{h_2}{h_1} = \frac{51}{89} = 0.57 < 1.5 \text{ ; } h_1 = 89 > 40\text{mm} \qquad \text{(식 (D.4(1))}$$

$$h_{eff} = h_1 + 0.5 h_2 \left(\frac{l_1 + l_2}{l_1 + l_3} \right) = 130.8\text{mm} \qquad \text{(식 (D.15(a))}$$

소성중립축 :

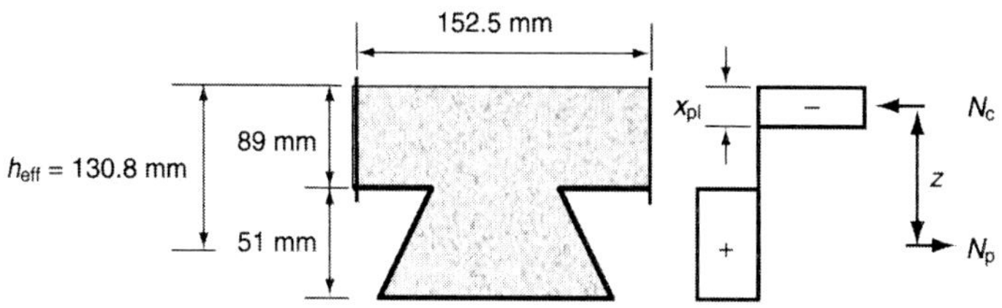

그림 10.3 소성중립축

강재 데크플레이트의 인장내력은 다음과 같이 주어진다(4.3.1).

$$N_P = \sum_{i=1}^{n} A_i k_{y,\theta,i} \left(\frac{f_{y,i}}{\gamma_{M,fi,a}} \right)$$

$$= 1.2 \times (137.5 \times 0.035 + 2 \times 52.5 \times 0.051 + 40 \times 0.08) \times 280/1,000$$

$= 4.50\text{kN}$: 단위폭 152.5mm

$= 29.5\text{kN}$: 1m 단위폭

콘크리트 슬래브의 최상위 층의 온도가 300℃보다 낮다고 가정하면 압축을 받는 콘크리트 슬래브의 두께 χ_{pl}은 다음과 같이 주어진다.

$$\alpha_{slab} A_j k_{c,\theta,\theta} \left(\frac{f_{c,j}}{\gamma_{M,fi,c}} \right) = N_P$$

$$0.85 \times 30 \times 1,000 \times \chi_{pl} = 29.52 \times 1,000$$

$$\chi_{pl} = 1.16\,\text{mm}$$

표 D.5에서 알 수 있듯이 콘크리트의 면적은 가정한 최대강도에서 충분히 낮은 온도이다.

응력중심간 거리 Z :

$$Z = \frac{\left\{ \sum_{i=1}^{n} A_i k_{y,\theta,i} Z_i \left(\frac{f_{y,i}}{\gamma_{M,fi,a}} \right) \right\}}{N_p} = 117.02\text{mm}$$

정모멘트 내력 :

$M_{fi,Rd^+} = N_p Z = 29.52 \times 117.02/1,000 = 3.45\,\text{kN·m}$: 1m 단위 폭

부모멘트 M_{fi,Rd^-}

부모멘트 철근의 내력 :

$N_s = 252 \times 500/1,000 = 126\text{kN}$: 1m 단위 폭

한계온도 : (식 (D.7))

$$\theta_{lim} = d_0 + d_1 N_s + d_2 \frac{A}{L_r} + d_3 \Phi + d_4 \frac{1}{l_3}$$

$$= 1,213 - 2.5 \times 10^{-4} \times 126,000 - 10.09 \times 46.36 - 214 \times 0.136 - 2,320/40$$

$= 626.6$℃

z-계수 : (D.3(6), 식 (D.6))

$$u_1 = 89.8\text{mm}\ ;\quad u_2 = 89.8\text{mm}\ ;\quad u_3 = 0.75 \times h_3 = 38.25\text{ mm} \tag{D.3(6)}$$

$$\frac{1}{z} = \frac{1}{\sqrt{u_1}} + \frac{1}{\sqrt{u_2}} + \frac{1}{\sqrt{u_3}} = 0.373$$

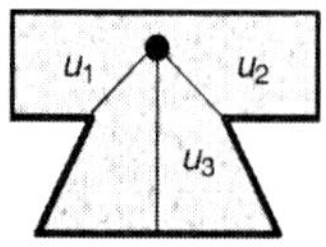

그림 10.4 z 계수의 계산

$$Y_1 = \frac{1}{\left(\frac{1}{z} - \frac{4}{\sqrt{l_1 + l_3}}\right)^2} = 419.3\text{mm} > h_2 (= 51\text{mm}) \tag{D.3(5)}$$

$Y_1 > h_2$ 인 경우, 슬래브의 리브를 무시할 수 있다. 표 D.5를 사용하면 보수적이고 개략적으로 한계온도 θ_{lim} 의 등온선 위치를 구할 수 있다.

$\theta_{\text{lim}} = 626.6℃$ 일 때 춤 $x = 20.1\text{mm}$이다 (D.3(7)).

(비고 : 경량콘크리트의 경우, 표 D.5의 온도는 주어진 값의 90%로 감소한다.) (D.3(9))

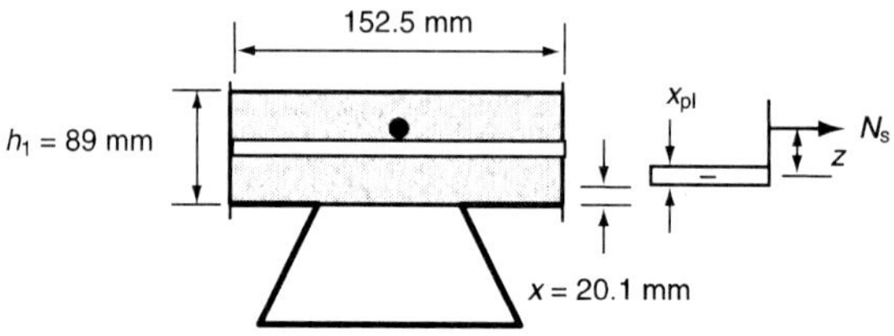

그림 10.5 한계온도 등온선의 춤

압축을 받는 콘크리트 슬래브의 춤 χ_{pl} :

$$\chi_{\text{pl}} = \frac{126}{0.85 \times 30} = 4.94\text{mm}$$

응력중심간 거리, $Z = h_1 - \text{피복두께} - x - \frac{\chi_{\text{pl}}}{2} = 89 - 19 - 20.1 - \frac{4.94}{2} = 47.46\text{mm}$

부모멘트 내력 :

$M_{\text{fi,Rd}^-} = N_s Z = 126 \times 47.46/1,000 = 5.98\text{kN·m}$: 1m 단위 폭

내력 검토

내부 경간 :

$$M_{fi,Rd^+} + M_{fi,Rd^-} = 3.45 + 5.98 = 9.43 > M_0 = 8.16\text{kN·m} \ : \ 1\text{m 단위 폭 (OK)}$$

단부 경간 :

$$M_{fi,Rd^+} + \frac{M_{fi,Rd^-}}{2}\left(1 - \frac{M_{fi,Rd^-}}{8M_0}\right) = 6.17 < M_0 = 8.16\text{kN·m} \ : \ 1\text{m 단위 폭 (OK)}$$

따라서 단부 경간에는 보강이 추가로 필요하다. 리브에 와이어를 추가하여 정모멘트 내력을 증가시키는 방법으로 내력을 증가시킬 수 있다.

10.3 철근콘크리트 슬래브

EN 1992-1-2의 약산법은 감소한 슬래브 크기를 기준으로 하며, 슬래브에서 화재 피해를 입은 콘크리트 영역은 8.5에서 설명한 것과 똑같은 방법으로 구한다. 이후에 슬래브 설계는 EN 1992-1-1을 따르지만, 관련하여 온도가 상승했을 때의 콘크리트의 기계적 특성을 사용한다.

아래의 예제는 구역법과 500℃ 등온선법을 모두 사용하여 감소한 슬래브 춤을 계산하는 방법을 보여준다.

예제 10.3 감소한 슬래브 춤의 계산

화재 시에 솔리드 콘크리트 슬래브의 콘크리트 두께감소와 설계강도를 계산한다. 설계 표준내화 등급은 90분이다. 슬래브 두께는 100mm이다.

계산 결과

(1) 구역법을 사용하는 경우

슬래브는 등가 벽(그림 8.6(b)의 w_1) 두께의 절반이 슬래브의 두께($w = 100$mm)가 되도록 한쪽 방향에서 가열한다.

슬래브 두께를 각각 25mm인 네 개의 구역으로 나눈다. 네 개 구역의 중심에서 슬래브의 노출된 표면까지의 거리는 12.5mm, 37.5mm, 62.5mm와 87.5mm이다. 그림 4.7에 따르면 이러한 영역의 온도는 725℃, 420℃, 240℃와 140℃이다. 슬래브에서 노출되지 않은 표면의 온도는 $q_M = 110$℃ 이다. (실리카 함유 보통콘크리트에 대한) 표 6.4에서 이러한 영역에 대한 강도감소계수는 0.2625, 0.72, 0.91과 0.98이다. 슬래브에서 노출되지 않은 표면에 대한 강도감소계수 $k_c(\theta_M) = 0.995$ 이다.

식 (8.17)에서 슬래브에 대한 평균 감소계수는 다음과 같다.

$$k_{c,m} = \frac{(1-0.2/4)}{4}(0.2625+0.72+0.91+0.98) = 0.682$$

식 (8.18)에서 슬래브에 대한 화재피해 영역의 폭은 다음과 같다.

$$a_z = 100\left(1-\frac{0.682}{0.995}\right) = 31.5$$

슬래브의 두께감소는 $100-31.5=68.5$mm이다.

그 다음에는 EN 1992-1-1을 따라야 하지만, 위에 나온 슬래브의 두께감소와 콘크리트의 설계 강도 감소를 사용해야 하며, 이 값은 상온일 때의 0.995배가 된다.

(2) 500℃ 등온선법을 사용하는 경우

그림 4.7을 사용하면, 노출된 표면으로부터 500℃ 등온선의 거리는 30mm이다. 이 두께는 무시해야 하며 슬래브의 두께감소는 $100-30=70$mm이다. 슬래브 설계는 EN 1992-1-1을 따르지만 슬래브 두께감소와 상온의 콘크리트 설계강도를 사용해야 한다.

CHAPTER 11

다른 형태의 구조물

내화구조설계 가이드북

STRUCTURAL
FIRE ENGINEERING
DESIGN
GUIDEBOOK

11 CHAPTER

다른 형태의 구조물

11.1 개요

강구조로 구성된 구조물의 방화 설계는 기본적으로 적절한 설비가 가능하여 추가적인 내화성을 조사할 필요가 없지만, 다양한 시스템이 구성되고 복합적인 요소로 다뤄진 구조물의 내화설비는 내화성을 조사하기 위한 주요 연구가 많이 수행되었다. EN 1994-1-2에는 이러한 시스템이 많이 포함되어 있다. 예를 들면 콘크리트가 부분적으로 둘러싸인 보와 기둥, 그리고 콘크리트충전강관기둥이 있는데 여기에서 콘크리트는 구조적 하중지지 시스템의 일부이면서 강재에 대한 방화 기능을 제공한다. 하지만 이러한 형태의 구조물 중에서 1994-1-2에 포함되지 않은 것이 많이 있으며 이 장에서는 특별히 슬림 플로어 빔(바닥 보), 조립형 보 및 콘크리트 충전식 기둥과 같은 시스템을 설명한다.

11.2 슬림 바닥 보

슬림 바닥 보는 넓은 하부 플랜지를 기둥 형강에 용접하는 방법으로 만든다. 콘크리트/합성 슬래브는 하부 평판에 지지된다. 그림 11.1(a)에서 시스템을 자세하게 설명한다. Corus 비대칭 강재보(ASB) 시스템은 슬림 바닥 보 시스템과 비슷하다. 차이점은 ASB 형강이 하나로 압연되기 때문에 추가로 용접 할 필요가 없다(그림 11.1(b)). 두 시스템 모두 콘크리트가 강재보의 상부 플랜지와 웨브를 둘러싸고 하부 플랜지만 화재에 노출

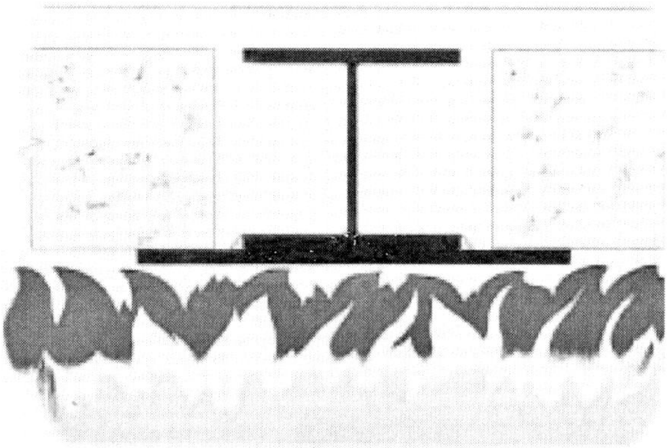

(a)

(b)

그림 11.1 (a) 슬림 바닥 보 (b) 비대칭 보

된다. 따라서 강재보에는 잔류 강도가 크게 나타난다. 표준내화시험에서 나온 결과에서 이 형태의 구조물은 방화 설비가 없을 때 표준내화 등급이 60분인 것으로 나타난다.

11.3 셸프(Shelf) 앵글 보

셸프 앵글 보는 보 형강의 웨브 양쪽에서 한 쌍의 강재 앵글 형강을 용접하여 만든다. 이러한 앵글 형강의 기능은 콘크리트 바닥 슬래브를 지지하는 것이다. 그림 11.2에 이 형태의 구조물이 자세하게 나와 있다. 화재 조건에서 하부 플랜지와 하부 웨브만이 화재에 노출된다. 상부 플랜지와 상부 웨브는 콘크리트 바닥 슬래브로 보호된다. 강재 앵글도 시스템의 내화성에 기여할 수 있다. 표준내화시험의 결과를 보면 이 형태의 구조물은 내화피복이 없을 때 최소한 30분의 표준내화성능을 달성할 수 있다는 것을 알 수 있다.
이 형태의 구조물에 대한 표준내화성능 계산이 영국 표준 BS 5950 제8부의 부속서 E에 나와 있다. 이 계산 방법은 형강의 소성 이론을 바탕으로 하며 콘크리트 슬래브의 기여도는 무시한다. 콘크리트 슬래브에 의한 형강의 방화 기능을 보장하기 위해서는 BS 5950 제8부의 E.1에 나와 있는 구조 세부사항을 준수해야 한다.
BS 5950의 제8부의 부속서 E에는 표준화재 조건에서 강재 앵글을 포함하는 형강에서 온도를 결정하기 위한 근사적인 계산 방법이 나와 있다. 이 방법을 아래에서 설명한다.
이 방법에서 형강은 그림 11.3에 나와 있는 것처럼 7개의 블록으로 분할된다.
블록 1이 하부 플랜지이다. 온도는 식 (4.1)로 계산할 수 있으며, 내화피복되지 않는 하부 플랜지의 단면형상계수는 다음과 같이 주어진다.

$$\frac{A_{\mathrm{m}}}{V} = \frac{2(B_{\mathrm{e}} + t_{\mathrm{f}})}{B_{\mathrm{e}} t_{\mathrm{f}}} \approx \frac{2}{t_{\mathrm{f}}} \tag{11.1}$$

여기서, t_f는 하부 플랜지의 두께이다.

블록 2는 형강의 하부 웨브이다. 표준내화시험 결과 분석에서 블록 2의 온도가 하부 플랜지 온도와 직접 관련이 있는 것으로 나타났으며, 콘크리트 슬래브에 대한 열전도 비율에 따라 약간 변한다. 콘크리트 슬래브에 대한 열전도 비율은 노출된 강재 웨브 깊이 대 플랜지 폭 비율로 나타낸다(D_e/B). 표 11.1 형강의 하부 웨브의 온도가 나와 있다. 표

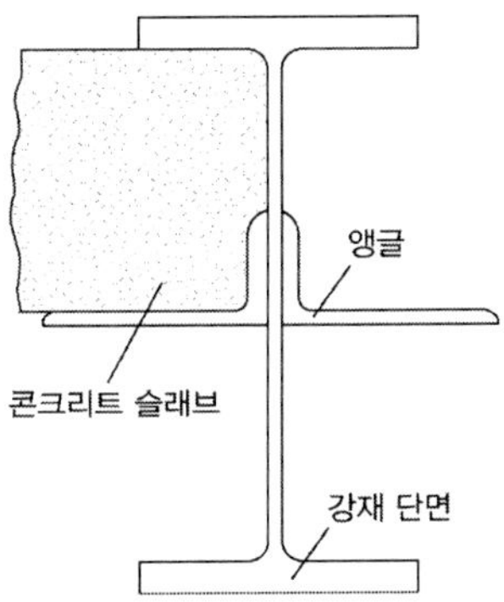

그림 11.2 셸프 앵글 보의 단면

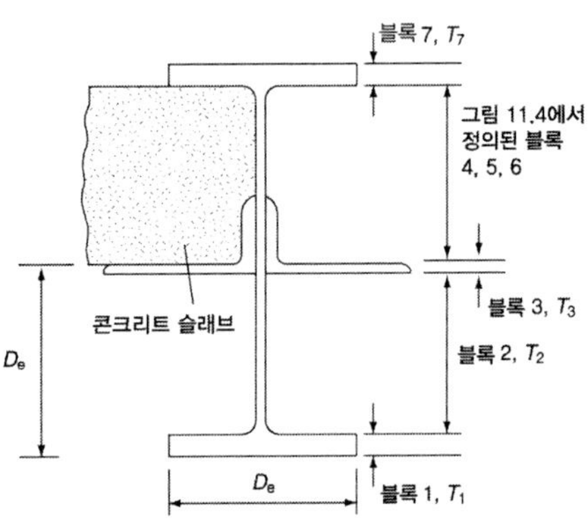

그림 11.3 셸프 앵글 보에 대한 온도 블록

11.1에서 T1은 형강의 하부 플랜지의 온도이다.

블록 3은 앵글 형강의 노출된 레그(leg)이다. 온도는 종횡비의 함수이며 표 11.2와 같다. 블록 4, 5 및 6의 정확한 위치는 300℃ 선의 위치에 따라 달라진다. 강재 온도가 300℃보다 작다면 전체 강도를 유지한다고 가정한다. 그림 11.4에 300℃ 온도 선의 가능한 위치 2개와 함께 3개 블록의 정의가 나와 있다.

표 11.1 셸프 앵글 보의 노출된 웨브의 온도(그림 11.3의 블록 2)

	내화시간에 대한 노출된 웨브의 온도		
종횡비	30분	60분	90분
$D_e/B \leq 0.6$	T_1-140	T_1-90	T_1-60
$0.6 < D_e/B \leq 0.8$	T_1-90	T_1-60	T_1-30
$0.8 < D_e/B \leq 1.1$	T_1-45	T_1-30	T_1
$1.1 < D_e/B \leq 1.5$	T_1-25	T_1	T_1
$1.5 < D_e/B$	T_1	T_1	T_1

표 11.2 셸프 앵글 보의 노출된 앵글 레그(leg)의 온도

	내화시간에 대한 노출된 앵글 레그(leg)의 온도		
종횡비	30분	60분	90분
$D_e/B \leq 0.6$	475	725	900
$0.6 < D_e/B \leq 0.8$	510	745	910
$0.8 < D_e/B \leq 1.1$	550	765	925
$1.1 < D_e/B \leq 1.5$	550	765	925
$1.5 < D_e/B$	550	765	925

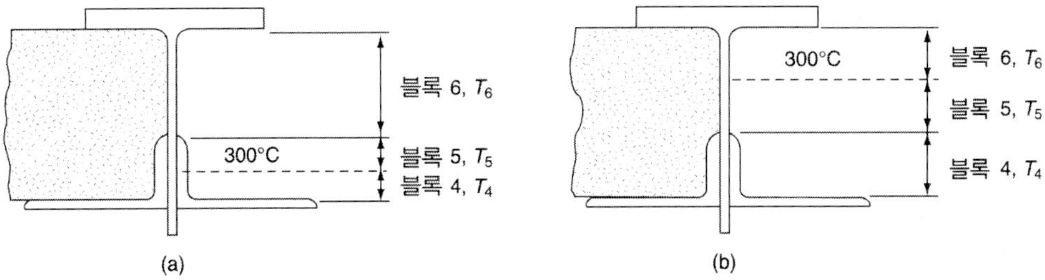

그림 11.4 블록 4, 5 및 6의 정의: (a) 앵글 레그(Leg)에서, (b) 앵글 위에서

블록 6과 7의 온도는 300℃보다 낮다. 전체 강재 강도가 유지되기 때문에 추가로 계산을 할 필요가 없다. 블록 4와 5의 온도는 다음 식으로 계산한다.

$$T_x = T_R - Gx$$
$$\text{그러나} \quad T_x \geq 300℃ \tag{11.2}$$

여기서, T_R은 앵글 루트의 온도, x는 앵글 루트로부터의 거리(mm), G는 이 영역에서의 온도 기울기(℃/mm)이다. 온도 기울기는 30분, 60분 및 90분의 표준내화시간에서 각각 2.3℃/mm, 3.8℃/mm 및 4.3℃/mm이다.
식 (11.1)에서 300℃의 위치는 다음과 같이 주어진다.

$$x = \frac{(T_R - 300)}{G} \tag{11.3}$$

T_R의 값은 표 11.3에 나와 있다.

표 11.3 온도 T_R

	내화시간에 대한 T_R의 값		
종횡비	30분	60분	90분
$D_e/B \leq 0.6$	350	600	775
$0.6 < D_e/B \leq 0.8$	385	620	785
$0.8 < D_e/B \leq 1.1$	425	640	800
$1.1 < D_e/B \leq 1.5$	425	640	800
$1.5 < D_e/B$	425	640	800

11.4 차단형 충전식(Blocked infilled) 기둥

플랜지 안쪽 면 사이에 콘크리트 블록을 배치하면 노출된 강재 기둥의 내화성능이 크게 증가한다. 블록은 부재 내하력에 기여하지 않지만, 플랜지 안쪽 표면과 기둥 웨브에는 콘크리트에 둘러 쌓여 형강의 온도 상승을 줄인다고 (보수적으로) 가정한다. 이 상황이 그림 11.5에 나와 있다.

이러한 해법은 하중비가 0.6을 넘지 않고 단면형상계수가 $69m^{-1}$을 초과하지 않을 때 30분 내화에 적합하다. 한계값은 British Steel과 Building Research Establishment (BRE)에서 수행한 시험에 바탕을 두고 있으며 BRE Digest 317에서 보고되었다.[41] 30분의 내화성을 달성하는 데 필요한 기둥의 최소 크기는 203 × 203 × 52UC이며, 요구되는 내화 수준을 달성하기 위해서는 콘크리트 블록의 최소 밀도가 $475kg/m^3$가 되어야 한다.

내화시간이 30분을 넘어야 하는 경우에는 부분적으로 둘러싸인 기둥과 콘크리트 충전 직사각형 중공 형강 등을 사용하는 방법을 많이 이용할 수 있다. 이러한 방법에 관한 자세한 사항이 Steel Construction Institute 설계 가이드[42]에 나와 있고 그림 11.5에 나와 있다.

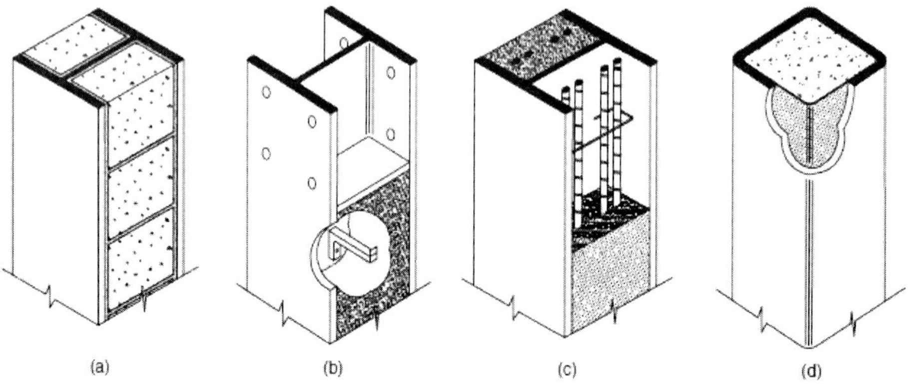

그림 11.5 부분적으로 충전되는 기둥: (a) 차단된 강재 기둥, (b) 부분적으로 둘러싸인 강재 기둥(보강을 하지 않음) (c) 부분적으로 둘러싸인 강재 기둥(보강) (d) 콘크리트 충전 형강

CHAPTER

12

접합부

내화구조설계 가이드북

STRUCTURAL
FIRE ENGINEERING
DESIGN
GUIDEBOOK

12 CHAPTER

접합부

12.1 개요

일반적인 내화 설계는 요소별(보, 기둥, 벽, 바닥 슬래브)의 성능을 기준으로 하였다. 평가 절차(표준화재시험)에서는 강재 또는 콘크리트 요소들 사이의 상호작용을 고려하지 않는다. 전체 구조적 안정성을 유지한다는 측면에서 화재 조건이나 화재 후 조건에서 접합부 거동이 매우 중요할 수 있다. 유로코드에서는 설계자들이 명시적으로 접합부의 거동을 고려하고 이용 가능한 설계 옵션의 측면에서 유연성을 증가시킬 것을 권한다.

화재 시의 접합부 설계에 대한 가장 흔한 접근법은 접합의 이용 가능한 내화피복 및 최소 치수가 최소한 접합된 부분(콘크리트 구조물)의 것과 같게 하거나 적용된 수동적 방화 설비의 두께가 최소한 접합된 부재(강재 및 합성 구조물)에 사용된 것과 같게 하는 것이었다. 하지만 이러한 접근법에서는 다음과 같은 사항을 고려하지 않는다.

- 접합된 부재에 대한 접합부의 적용된 하중 수준
- 화재한계상태와 관련된 대형 변형을 수용하는 데 필요한 연성
- 실제 화재의 냉각 단계 중에 발생하는 큰 인장력을 견디는 데 필요한 인장 강도

12.2 콘크리트 접합부

화재 시 콘크리트 접합부의 설계는 다른 구조재(보, 기둥, 벽, 바닥 슬래브)에 적용되는 것과 같은 원칙 및 가정에 따라 달라진다. 즉, 내화성은 보강재에 대한 커버와 단면 치수의 함수이다. 이 설계 철학은 큰 질량과 낮은 열전도의 함수인 콘크리트 구조물의 큰 연관성에 바탕을 두고 있다. 따라서 대부분 콘크리트 접합부에는 의무적인 기능적 요구사항을 충족시키기 위해 방화 설비를 추가할 필요가 없다.

콘크리트 구조물을 상세하게 설계하는 것은 화재 시의 성능과 관련하여 특히 중요하다. 화재 시의 성능 향상을 위한 규칙의 상술을 설명하는 권위 있는 지침 문서가 많이 있다[43,44].

- 정착부 보강
- 교번응력 때문에 발생하는 조기 파괴를 막기 위해 설치된 연속적인 상부 및 하부 보강재
- 인입 설비 주변에서의 방화설비

영구 및 가변(사하중 및 부가 하중) 작용과 함께 화재의 효과에서 발생하는 간접적인 작용의 효과가 접합 성능에 영향을 준다. 하중 수준은 일반적으로 화재한계상태에서 낮기 때문에 일반적으로 전자는 특별한 설계상의 문제를 일으키지 않는다. 하지만 간접적인 작용은 화재 시에 접합부의 성능에 큰 영향을 준다.

12.2.1 연속 구조물에 대한 지지 모멘트의 증가

보나 바닥 슬래브의 노출된 표면이 열팽창하면 노출되지 않은 면에서 지지 모멘트를 증가시키는 효과를 일으키는 변곡이 발생한다. 설계 단계에서 이 같은 상황을 고려하지

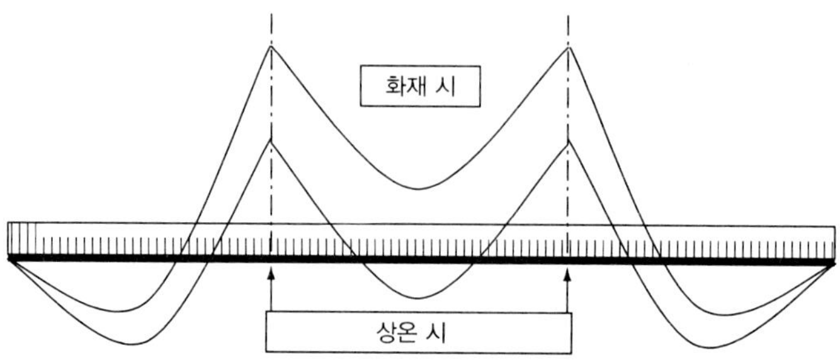

그림 12.1 연속 구조물에서의 모멘트 분포

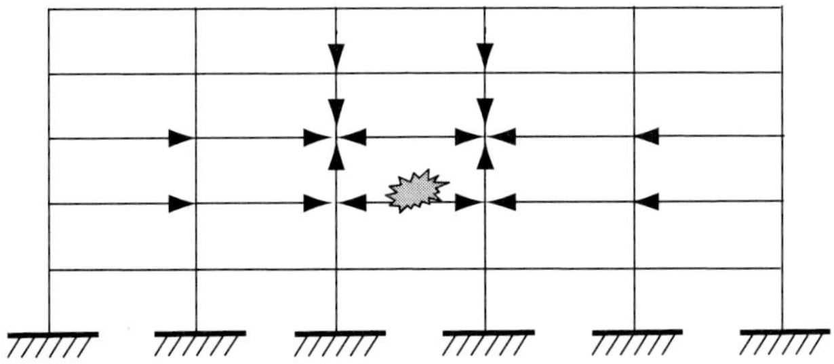

그림 12.2 제한된 열팽창에 의한 프레임 구조에서의 압축력

않으면 이로 인해 상부 보강재의 항복이 발생할 수 있다. 보강 구조를 위해 지지대에서 보강재를 적당하게 중첩시키는 것이 좋다. 프리캐스트 구조는 일반적으로 단순하게 지지되며 이 효과를 다룰 수 있는 회전 능력 충분하다. 열적 효과가 그림 12.1에 나와 있다.

12.2.2 억제된 열팽창 때문에 생기는 힘

방화구획이 프레임 구조 안에 있는 경우, 가열된 요소의 팽창은 둘러싸는 차가운 구조물에 의해 억제된다. 이 열팽창 억제로 접합부에 매우 큰 압축력이 발생하며 대규모 시험을 통하여 확인되었다. 이 상황의 개념도가 그림 12.2에 나와 있다. 콘크리트 접합부는 이렇게 큰 힘을 수용할 수 있을 것 같다. 하지만 냉각 시에는 큰 인장력도 발생할 수 있는데 설계 단계에서는 대개 이러한 인장력을 고려하지 않는다.

12.2.3 큰 휨 때문에 발생하는 하중의 편심

큰 변형의 효과로 접합부에서 하중의 편심이 증가한다. 화재 상황에서 노출된 바닥 슬래브에 전형적으로 나타나는 큰 수직 휨을 수용하려면 충분한 회전 능력이 있어야 한다. 지지 부재의 국부적인 파괴를 일으키는 보와 바닥의 지점에서 손상이 발생할 수 있다. 연속적인 기둥들로 구성되는 프레임 구조에서 바닥 슬래브가 수평으로 이동하면 기둥에서 큰 횡 변형이 발생하여 큰 응력이 발생할 수 있고 어쩌면 전단 파괴가 일어날 수도 있다. 특히 이 상황은 건물 내부 방향으로의 팽창이 둘러싸고 있는 차가운 구조 때문에 제한되는 테두리의 기둥에서 크게 나타난다.

그림 12.3 Cardington 화재시험 – 열팽창 제한 때문에 발생하는 테두리 기둥의 측방향 이동

이 상황은 Cardington에 있는 유럽의 콘크리트 빌딩에서 수행된 대규모 화재시험에서 설명되었다(그림 12.3).

화재 발생 시의 구조적 거동에 대한 전체적인 평가를 기준으로 이음을 설계해야 한다는 것을 규정한 것을 제외하면 EN 1992-1-2에는 이음의 설계에 관한 지침은 거의 없다. 내화성에 대한 차열 요구사항을 만족시키는 것과 관련하여 부재들 사이에서 이음에 생기는 간격은 20mm로 제한되며 분리 구성 요소의 최소 두께의 반보다 깊어서는 안 된다.

12.3 강재 및 합성 접합부

(합성이든 아니든) 구조적 강재 접합부(유럽식 용어로는 이음)에서는 일반적으로 표준 볼트 크기와 평판 두께를 가진 표준 접합부를 사용한다. 이렇게 하면 설계와 제작 과정

이 모두 단순해진다. 적당한 접합부의 선택에 관한 지침은 업계에서 만든 정립된 지침 문서에서 이용할 수 있다.[45-47] 일반적으로 접합부는 모멘트를 하중이 발생한 보에서 기둥으로 전달시킬 수 있는 능력에 따라 공칭 핀이나 완전 고정으로 분류할 수 있다. 실제로는 모든 접합부는 어느 정도 부분 고정식이다. 즉 어느 정도 회전도 하고 어느 정도는 고정되어 있는 식이다. 화재 시 접합부의 거동과 관련하여 한 가지 흥미로운 점은 상온 조건에서 단순하게 지지된다고 가정한 접합부가 실제로 화재 발생 시에는 부분 고정식 접합부로 동작한다는 것이다.

영국에서 접합 설계에 대한 접근법은 구조 엔지니어가 접합부에 관한 설계 가정을 정한 후에 상세한 설계(종판 두께, 볼트 피치 등)는 제작자에게 맡기는 것이다. 일반적으로 접합부는 단순하거나 모멘트를 견딘다고 가정하며, 단순 접합부는 전단 하중, 축 하중 및 개념적인 모멘트를 견딜 수 있도록 설계된다. 유로코드에서는 강도 및 강성도에 따라 접합부를 분류하고 부분적인 강도와 부분 고정식 접합부의 개념을 도입하는 더욱 엄격한 설계 접근법을 제시한다.

화재 시 접합부의 설계에 대한 접근법은 접합부 위에 충분한 수동적 방화 기능을 보장하는 것이다. 일반적으로 이것은 접합된 요소(보와 기둥)에 있는 것과 최소한 두께가 같다는 것을 의미한다고 가정한다. 하지만 접합된 부분들보다 큰 하중이 접합부에 발생할 수 있다. 하중 수준이 내화성과 관련이 있기 때문에 이것은 불충분한 수동적 방화가 접합부에 적용된다는 것을 의미할 수도 있다. 게다가 접합부의 연성이 화재한계상태에서 흔히 나타나는 큰 휨 및 회전을 수용하기에 충분하지 못할 수도 있다. 콘크리트 접합부와 관련하여 앞에서 논의한 많은 문제가 여기에도 적용된다. 특히 중요한 것은 접합부의 회전 능력, 압축 응력이 크게 발생할 때의 제한된 열팽창의 효과, 그리고 냉각 단계에서의 접합부의 인장 내력이다.

강재 구조물의 설계와 관련하여 유로코드(EN 1993-1-2)의 화재 관련 부분에 두 가지 방법이 나와 있다. 첫 번째는 4.2.1(6)에 나와 있는 단순화된 절차이다. 다음과 같다. 다음과 같은 조건이 만족되면 볼트나 용접으로 고정한 접합부의 내화성이 충분하다고 가정할 수 있다. (비고: 첫 번째 조건은 전통적인 영국의 설계 가정에 해당한다.)

(1) 접합부의 내화피복의 내열성 $(d_f \lambda_f)_e$은 어떠한 접합된 부재에 적용된 내화피복의 내열성 $(d_f \lambda_f)_m$의 최소값보다 커야 한다.

(2) 접합부의 활용도는 어떠한 접합된 부재의 활용도의 최대값보다 작아야 한다.

(3) 상온에서 접합부의 내력은 EN 1993-1-8에 나와 있는 권고사항을 만족시켜야 한다. (EN 1993의 접합부 설계 부분).

EN 1993-1-2의 부속서 D에는 이음 전체에서 발생하는 온도분포를 계산하는 대체할 수 있는 방법이 나와 있다. 온도분포를 유도한 다음에는 온도 상승효과가 나타날 수 있도록 적당한 감소계수를 사용하여 전단, 지지 및 인장 내력을 계산한다.
보의 깊이가 400mm 미만인 경우의 화재 시 접합부의 온도는 다음과 같다.

$$\theta_{\mathrm{h}} = 0.88\theta_0[1-0.3(h/D)]$$

여기서,

θ_{h}	강재보의 높이 h(mm)에서의 온도(℃)
θ_0	접합부에서 멀리 떨어져 있는 강재보의 하부 플랜지 온도(℃)
h	보 하부로부터 떨어진 높이(mm)
D	보의 깊이(mm)

보의 깊이가 400mm보다 큰 경우
(i) h가 $D/2$보다 작은 경우
$\theta_h = 0.88\theta_0$

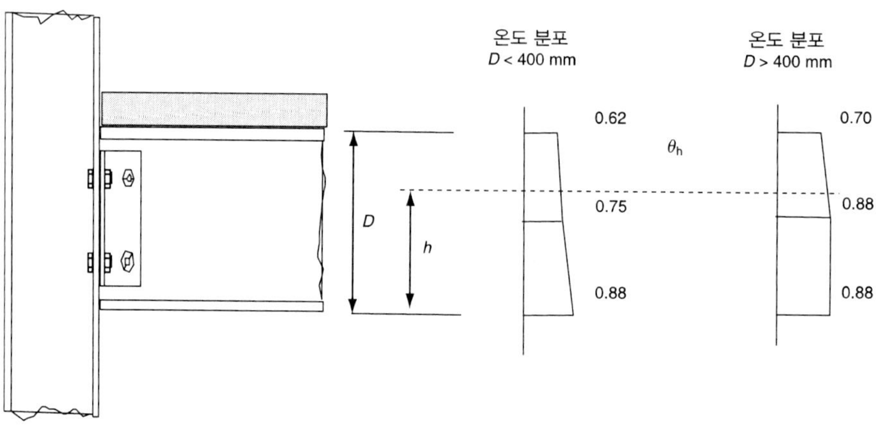

그림 12.4 합성 접합부의 깊이 내에서의 온도구배

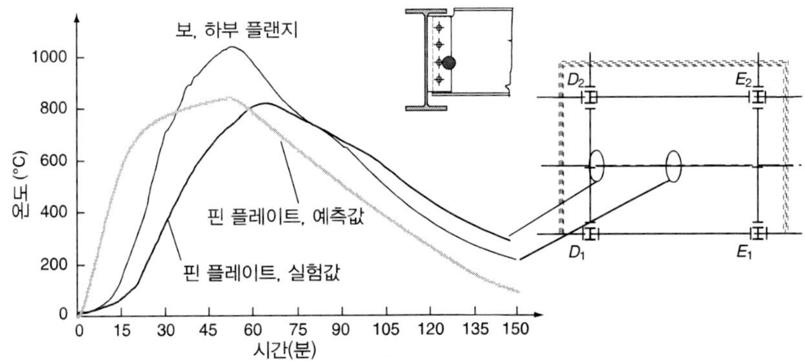

그림 12.5 유로코드 예측값과 시험 결과 사이의 비교

(ii) h가 $D/2$보다 큰 경우

$$\theta_h = 0.88\theta_0[1+0.2(1-2h/D)]$$

이 상황이 그림 12.4에 나와 있다.

이 방법은 그림 12.5에 나와 있는 것처럼 실물 크기 시험 데이터에 대하여 타당성을 확인하였다.

대부분의 현행 설계 방법에서 기반이 되는 가정은 지지 부재와 접합부의 구성 요소의 강도 감소 비율이 같다는 것이다. 하지만 반드시 그래야 하는 것은 아니다. 그림 12.6에

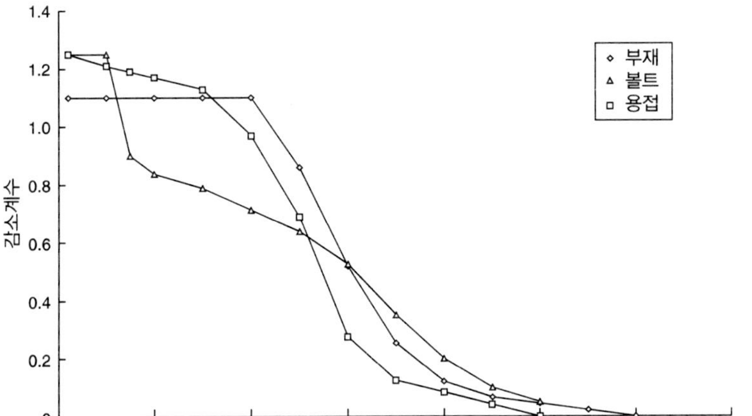

그림 12.6 부재, 볼트 및 용접부에 대한 감소계수

서는 부재, 볼트 및 용접부에 대한 강도감소계수를 비교한다.
그림을 보면 350℃와 1,000℃ 사이에서 용접부의 강도가 접합 부재의 강도보다 빠르게 감소한다는 것을 알 수 있다. 이와 비슷하게 100℃와 600℃ 사이에서 볼트의 강도는 접합된 부재보다 빠르게 감소한다.
대부분의 실제 접합부는 용접부와 볼트를 함께 사용하여 적용된 하중을 지지한다. 따라서 화재한계상태에서 이 두 구성 요소 중 어느 것이 더 큰 역할을 하는지를 확실하게 말하기 어렵다. 이용할 수 있는 데이터를 기준으로 판단하자면 접합된 부재와 방화 수준이 같은 접합부의 강도가 더 빠른 비율로 사라질 것이다.
하지만 접합부 전체에서 발생하는 온도형상은 접합된 부재의 온도형상과 다르다. 가열속도는 접합된 부재로부터의 차폐 효과와 접합 위치에서 비교적 높게 나타나는 열 질량이 합쳐지면서 줄어드는 경향이 있다. 접합부에서 발생하는 온도구배 감소와 관련된 이점이 볼트와 용접부의 강도 감소와 관련된 단점보다 크다는 결론을 내릴 수 있다. 따라서 유로코드에서 상세하게 설명한 단순한 규칙 때문에 기존의 안전 수준이 줄어들지는 않는다.
풀이한 예를 참조하여 유로코드 접합 설계 절차를 자세하게 설명한다.

예제 12.1 주축 보와 기둥 접합

그림 12.7과 12.8에 나와 있는 주요 축의 보 대 기둥 접합을 고려한다.
EN 1993-1-2에는 볼트나 용접으로 고정한 이음에 대한 두 가지 방법이 나와 있다. 첫 번째는 이음의 내화성이 접합된 부재의 내화성보다 크거나 같게 하는 것을 바탕으로 한다. 접합부의 온도가 일반적으로 보의 온도보다 낮기 때문에 이것은 일반적으로 보수적인 방법이다. 하지만 부재의 활용도와 비교하여 접합부의 활용도도 고려해야 한다. 간단하게 나타내기 위해 접합된 부재와 이음의 활용도를 상온에서의 하중 및 내력과 연관 지을 수 있다.

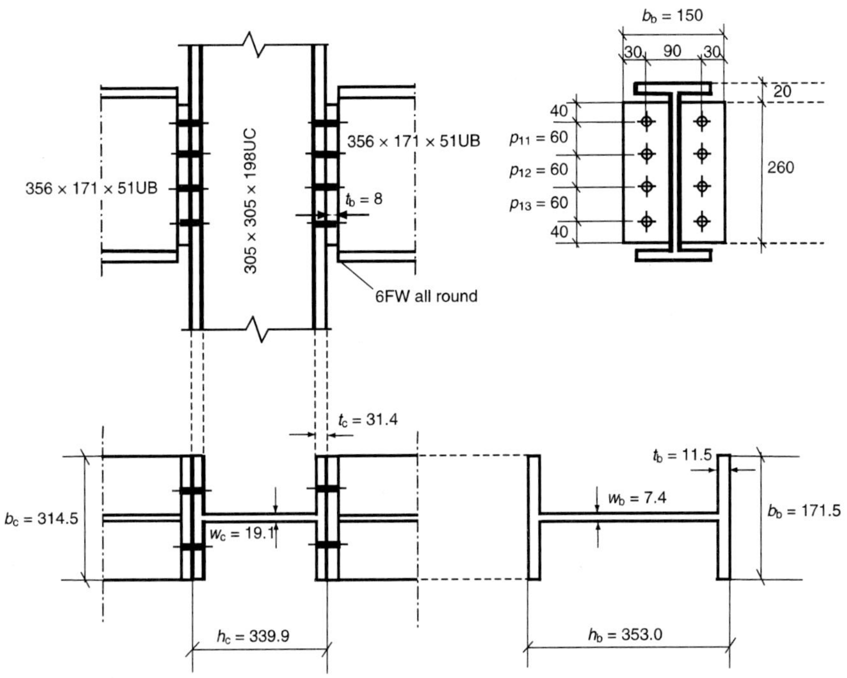

볼트: M20 8.8
거더: S355; 기둥: S355
플레이트: A43 (= S275)

그림 12.7 주축의 보와 기둥 접합부의 세부사항(모든 치수는 mm 단위)

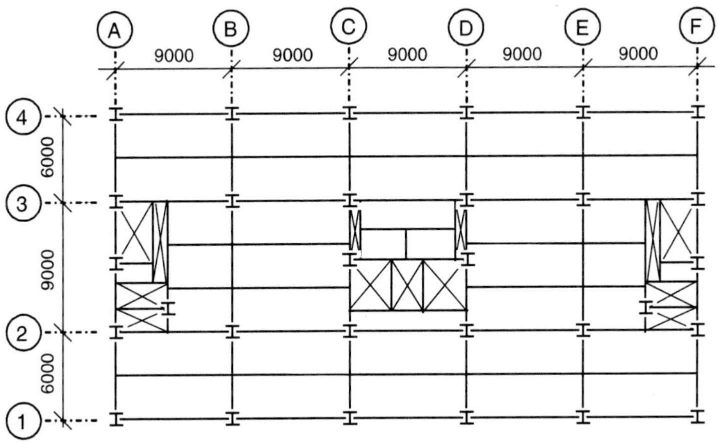

그림 12.8 바닥 배치(모든 치수는 mm 단위)

또는 EN 1993-1-2의 부속서 D에 따라 이음의 내력을 평가할 수 있다. 여기에서 구성 요소의 온도를 계산하고 감소계수를 사용하여 이음의 내력을 결정한다.
그림 12.8의 위치 E1에 있는 접합부를 고려한다.

하중

화재한계상태에서 나타나는 작용의 값이 표 12.1에 나와 있다.
설계 목적상 해체 가능한 간막이벽을 설명하기 위해 간막이벽 하중을 부가 하중으로 분류한다.
화재한계상태에서는 간막이벽 하중을 사하중에 포함시킨다.

표 12.1 화재한계상태에서 나타나는 작용

자중 하중	값 (kN/㎡)
합성 슬래브	2.06
철골구조	0.25
상층부 바닥	0.40
설비(Services)	0.25
천장	0.15
칸막이 벽(Partitions)	1.00
활하중(Imposed)	2.50

영구적인 작용(G)

균일 분포 하중 G_k = 3.11kN/m^2(4.11kN/m^2 화재한계상태)

가변 작용(Q)

균일 분포 하중 Q_k = 3.50kN/m^2(2.5kN/m^2 화재한계상태)

하중계수 - 상온

영구적인 작용에 대한 부분계수: γ_g = 1.35
가변 작용에 대한 부분계수: γ_Q = 1.50 (EN 1990, 표 A1.2(B))

하중계수 - 화재한계상태

화재한계상태에 대해서는 부분적인 하중계수(γ_i)를 영구적인 작용이나 가변 작용에 적용하지 않는다.

가변 작용에 대한 조합계수 ψ_1 = 0.50(EN 1990, 표 A1.3)
작용의 상온 설계값

- 극한한계상태
  UDL 설계, $F_{Ed} = (\gamma_G \times G_k) + (\gamma_Q \times Q_K) = 9.45\text{kN/m}^2$

설계 모멘트 - 거더

일차 보의 설계 모멘트는 다음과 같다.

$$M_{Ed} = (R \times l)/4$$

여기서,

R : 그리드라인 E1과 E2 사이에서 일차 보에 프레임으로 들어가는 이차 보에서 나타나는 최종 외력

$$R = [(l/2) \times L \times F_{Ed}] = 255.1\text{kN}$$

따라서 다음과 같다.

$$M_{Ed} = (R \times l)/4 = 382.66\text{kNm}$$

설계 전단력 - 거더

$$V_{Ed} R/2 = 127.6\text{kN}$$

작용의 화재한계상태의 설계값

- 극한한계상태의 우발적인 설계 상황
  UDL 설계, $F_{Ed,fi} = G_k + (\psi_1 \times Q_k) = 5.36$ (EN1990, 표 A1.3)

설계 모멘트 - 거더

$$M_{Ed,fi} = (R_{fi} \times l)/4$$

여기서,

R_{fi} : 그리드라인 E1과 E2 사이에서 일차 보에 프레임으로 들어가는 이차 보에서 나타나는 최종 외력

$$R_{fi} = [(l/2) \times L \times F_{Ed,fi}] = 144.7\text{kN}$$

따라서 다음과 같다.

$$M_{\mathrm{Ed.fi}} = (R_{\mathrm{fi}} \times l)/4 = 217\,\mathrm{kNm}$$

설계 전단력 - 거더

$$V_{\mathrm{Ed.fi}} = R_{\mathrm{fi}}/2 = 72.3\,\mathrm{kN}$$

- 방법 1:

$$(d_{\mathrm{f}}/\lambda_{\mathrm{f}})_{\mathrm{c}} \geq (d_{\mathrm{f}}/\lambda_{\mathrm{f}})_{\mathrm{m}}$$

여기서,

$(d_{\mathrm{f}}/\lambda_{\mathrm{f}})_{\mathrm{c}}$: 접합부 내화재의 열전도율과 내화피복의 두께 사이의 관계

$(d_{\mathrm{f}}/\lambda_{\mathrm{f}})_{\mathrm{m}}$: 접합된 내화재의 열전도율과 내화피복의 두께 사이의 관계

접합부의 내력 - 상온 설계

접합부(E1)는 상온에서 단순하게 지지되는 형태로 설계되었고 상온에서 활용도를 점검하는 것이 허용된다. 접합부의 전단 내력은 단순 접합에 관하여 BCSA/SCI 그린북[46]에서 자세하게 설명한 방법을 사용하여 평가한다. 볼트 그룹의 전단 내력, 종판 전단 내력, 블록 전단 내력, 그리고 종판의 지압 내력 등을 기준으로 한 접합부의 전단 내력이 표 12.2에 요약되어 있다. 기둥 플랜지가 종판보다 훨씬 두껍기 때문에 지지력에서 기둥 플랜지의 내력은 고려할 필요가 없다.

표 12.2 종판의 전단 및 지압 내력

내력 검토	수식	내력 (kN)	그린북[46] 참고문헌
볼트 전단력 ($F_{\mathrm{v}} \leq \sum P_{\mathrm{s}}$)	맨 위 볼트 열로 부터 $\sum p_{\mathrm{s}} A_{\mathrm{s}}$ (또는 $0.5 k_{\mathrm{bs}} e_1 t_{\mathrm{p}} p_{\mathrm{bs}}$)	699	93
엔드 플레이트의 단면 전단력 ($F_{\mathrm{v}}/2 \leq P_{\mathrm{v}}$)	최소값 ($0.6 p_{\mathrm{y}} A_{\mathrm{v}}$, $0.7 p_{\mathrm{y}} k_{\mathrm{e}} A_{\mathrm{vnet}}$)	270	94
블럭전단 ($F_{\mathrm{v}}/2 \leq P_{\mathrm{r}}$)	$0.6 p_{\mathrm{y}} t_{\mathrm{p}} [L_{\mathrm{v}} + K_{\mathrm{e}}(L - kD_{\mathrm{h}})]$	320	94
지압 ($F_{\mathrm{v}}/2 \leq P_{\mathrm{bs}}$)	$k_{\mathrm{bs}} d t_{\mathrm{p}} p_{\mathrm{bs}}$	294	94

비고: 사용된 기호는 BCSA/SCI 그린북에서 나온 것이다.[46] F_{v}는 설계 전단력이며 EC3에 나와 있는 V_{Ed}와 같다.

따라서 접합부의 활용도는 다음과 같다.

$$(V_{\mathrm{Ed}}/2)/270 = 0.236$$

이 값을 기둥에 접합된 보의 이용률과 비교해야 한다.

거더의 내력 – 상온 설계

합성 거더의 모멘트 내력은 다음과 같다.

$$M_{\mathrm{c,Rd}} = 515\,\mathrm{kNm}$$

(비고: 이 값은 SCI 간행물 P055에 나와 있는 방법에 따라 결정되었다.[48] 계산과정은 화재한계상태일 때의 접합부 설계와 관련이 있기 때문에 이 풀이를 한 예에는 포함되어 있지 않다.)

따라서 보의 활용도는 다음과 같다.

$$M_{Ed}/M_{c,Rd} = 0.74$$

여기서, M_{Ed}는 앞에서 결정한 설계 모멘트이다.

내화피복 두께의 결정

보의 활용도가 접합부의 활용도보다 크기 때문에 내화피복이 최소한 보의 내화피복과 같게 만드는 것으로 충분하다. 4장에서 자세하게 설명한 내화피복되는 강재 제품에 대한 계산 절차를 바탕으로 적당한 보 내화피복 두께와 열전도율을 선택할 수 있다.

- 방법 2:

EN 19923-1-2의 부속서 D에는 접합부 내에서 온도형상을 결정하는 방법이 나와 있다. 그 다음에는 이 방법을 사용하여 개별 구성 요소의 위치에 해당하는 감소계수를 유도할 수 있다. 첫 번째 단계는 접합된 보의 (경간의 중간에 있는) 하부 플랜지의 온도 상승을 계산하는 것이다. 이 예에서는 필요한 내화 기간이 60분이고, 적용할 수동적 방화 설비는 20mm 석고보드를 보의 세 면에 적용하는 것이라고 가정한다. 보호되는 부재에 대한 관련된 공식은 다음과 같다.

$$\Delta\theta_{\mathrm{a,t}} = \frac{\lambda_{\mathrm{p}} A_{\mathrm{p}}/V}{d_{\mathrm{p}} c_{\mathrm{a}} \rho_{\mathrm{a}}} \frac{\theta_{\mathrm{g,t}} - \theta_{\mathrm{a,t}}}{1 + \dfrac{\phi}{3}} \Delta t - (e^{\phi/10} - 1)\Delta\theta_{\mathrm{g,t}} \qquad \theta_{\mathrm{a,t}} \geq 0$$

그리고 다음과 같다.

$$\Phi = \frac{c_p \rho_p}{c_a \rho_a} d_p \frac{A_p}{V}$$

여기서,

A_p/v : 내화피복되는 강재 부재에 대한 단면형상계수($136m^{-1}$)

c_a : 강재의 비열(600J/kgK)

c_p : 피복재료의 비열(1,700J/kgK)

d_p : 피복재료의 두께(0.02m)

$\theta_{a,t}$: 시간 t에서의 강재의 온도(℃)

$\theta_{g,t}$: 시간 t에서의 가스의 온도(℃)

$\Delta_{g,t}$: 시간 단계 t에서의 가스 온도의 증가(℃)

λ_p : 피복재료의 열전도율(0.2W/mK)

ρ_a : 강재의 밀도($7,850kg/m^3$)

ρ_p : 피복재료의 밀도($800kg/m^3$)

$\Phi = 0.7854$

표준화재 노출 및 지정된 보호 자재에 대하여 강재보의 온도는 445℃로 계산된다. 시간-온도 관계가 그림 12.9에 나와 있다.

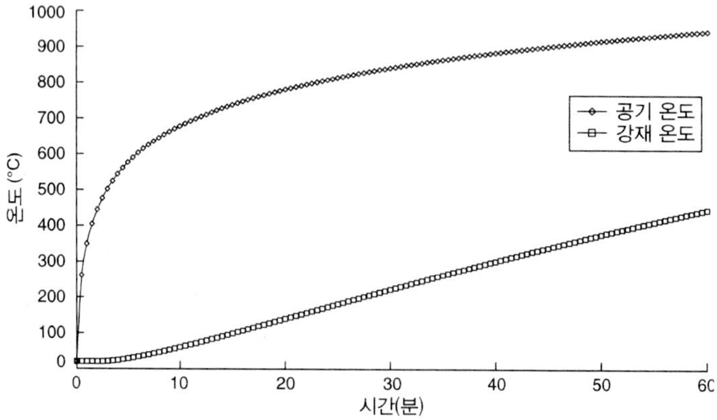

그림 12.9 거더의 온도(356 × 171UB51)

(비고 : 이것은 특별히 효율적인 설계 솔루션인 것은 아니다. 설계자가 강재보의 최대 온도를 증가시키기 위해 (예를 들어 15mm 보드를 사용하여) 내화피복을 합리화시키고 싶을 수도 있다.)

여기서, 보의 깊이는 400mm보다 작거나 같다. 따라서 다음과 같다.

$$\theta_h = 0.88\theta_o[1-0.3(h/D)] \qquad \text{(D3.1(4a))}$$

여기서,

θ_h : 강재보의 높이 h(mm)에서의 온도

θ_o : 경간 중앙에서의 강재보의 하부 플랜지 온도(445℃)

h : 보의 하부 위에 있는 고려 대상의 구성 요소의 높이(mm)

D : 보의 깊이(mm)(355mm)

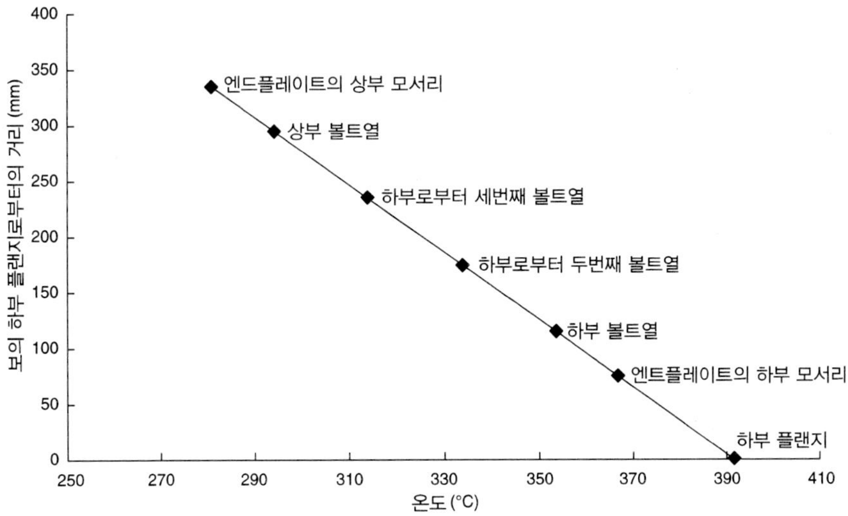

그림 12.10 접합부의 온도분포

중요 구성 요소의 온도가 그림 12.10에 그래프로 나와 있다. 값은 아래의 표 12.3에 요약되어 있다.

각 위치의 온도를 사용하여 개별 구성 요소에 대한 감소계수를 유도한다. 볼트는 표 D.1을 사용하고 종판과 기둥은 표 3.1을 사용한다.

표 12.3 중요 구성 요소의 온도

설명	하부 플랜지로부터 떨어진 거리 (㎜)	온도 (℃)
강재보 중간지점의 하부 플랜지	0	445
접합부 인근의 강재보의 하부플랜지	0	392
엔드 플레이트의 하부 모서리	75	367
하부 볼트 열(row)	115	354
하부로부터 2번째 볼트 열	175	334
하부로부터 3번째 볼트 열	235	314
맨 처음 볼트 열	295	294
엔드 플레이트의 상부 모서리	335	281

그 다음에는 온도 상승에 대한 감소계수를 사용하여 원래의 확인 작업을 반복하고 화재한계상태에서 적용된 감소한 하중과 비교한다. 이 경우에 설계 전단력은 화재한계상태 하중계수에 따라 줄어든다.

개별 구성 요소에 대한 감소계수가 표 12.4에 요약되어 있고 이에 해당하는 내력 확인이 표 12.5에 요약되어 있다.

화재한계상태에서의 접합부의 활용도는 다음과 같다.

$$(V_{\mathrm{Ed,fi}}/2)/270 = 0.14$$

표 12.4 감소계수

구성 요소	감소계수
엔드 플레이트 (하부 온도는 기반으로)	1.0
하부 볼트 열	0.83
하부로부터 2번째 볼트 열	0.885
하부로부터 3번째 볼트 열	0.86
맨 위에 볼트 열	0.933

이 예에서 접합부는 화재한계상태보다 상온에서 더 많이 활용된다. 그 이유는 화재한계상태일 때 적용된 하중의 감소가 접합 구성 요소의 자재 특성에 생기는 감소보다 크기 때문이다.

모멘트 접합의 경우에는 접합부의 활용도가 접합된 보의 활용도보다 높을 가능성이 더 많고 비보호 접합부의 경우에는 접합 구성 요소의 강도 감소가 훨씬 클 것이라는 점에 주의해야 한다.

표 12.5 고온에서의 내력

내력 검토	수식	내력 (kN)
볼트의 전단내력 $(F_v \le \sum P_s)k_b$	맨 위 볼트 열로부터 $\sum p_s A_s \times k_b$ (또는 $k_b \times 0.5 k_{bs} e_1 t_p p_{bs}$)	611
엔드 플레이트의 단면 전단력 $(F_v/2 \le P_v)k_{y\theta}$	최소값 $(k_{y,\theta} 0.6 p_y A_v,\ k_{y,\theta} 0.7 p_y K_e A_{vnet})$	270
블럭전단 $(F_v/2 \le P_r)k_{y\theta}$	$k_{y,\theta} 0.6 p_y t_p [L_v + K_e (L_t - kD_h)]$	320
지압 $(F_v/2 \le P_{bs})k_b$	$\sum k_b k_{bs} d t_p p_{bs}$	258

비고: 사용된 기호는 BCSA/SCI 그린북에서 나온 것이다.[46] $\boldsymbol{F_v}$는 설계 전단력이며 EC3에 나와 있는 $\boldsymbol{V_{Ed,fi}}$와 같다.

CHAPTER

13

일반사항

내화구조설계 가이드북

STRUCTURAL
FIRE ENGINEERING
DESIGN
GUIDEBOOK

13 CHAPTER
일반사항

13.1 개요

구조 유로코드에 제시된 설계 방법은 요구되는 관련 규정에 부합하는 해결책을 제공하기 위한 화재 성능 설계를 가능하도록 하는 체계를 제공한다.

계산 방법은 구조물의 화재공학 설계의 합리적인 근거를 제공하고 새로운 건물의 설계 및 기존 건물의 보수보강, 재사용을 위해 공학자, 건축가와 사용자에게 보다 나은 유연성을 제공한다.

일반적으로, 설계 노력을 증가시킴으로써 이러한 유연성을 증가시킬 수 있다. 구조적 화재공학은 하중의 본질 및 영향에 대한 매우 광범위한 접근법을 다루며, 요구되는 지속 시간 동안 적절한 내화성을 보장하는 수단을 다룬다. 한편, 화재에 대한 효과 및 화재 시 구조내력을 평가할 수 있도록 단순화된 표를 활용할 수도 있다. 극단적인 설계자는 화재를 모델링하기 위해 복잡한 전산유체역학 기법과 비선형 유한요소해석을 건축물 분석에 선택하기도 한다. 채택된 설계 해법은 프로젝트와 고객의 요구사항 및 승인기관 등 각각의 특정 상황에 따라 달라질 수 있다. 또한, 화재 시 보다 더 정교한 접근 구조설계 방식을 채택하고자 하는 경우는 재정적인 부분을 고려할 필요가 있다. 이러한 방법은 높은 수준의 안전성(국가 규정 이상의) 또는 재료의 현저한 비용 절감이 요구되는 경우 사용될 수 있다. 그러나, 일반적인 권고는 건물의 요구사항에 어울리는 가장 단순한 접근방식을 사용하는 것이다. 비록 유로코드는 상세 화재공학 방법에 관련된 일반 원칙을 설명하고 있지만, 보다 더 세부적인 지침을 이용할 수 있다.[49]

최소한의 내화 요구사항은 건물 사용자, 건물 주변인과 소방관 등 서비스 제공자의 안전을 고려하여 관련 규정에 정의되어 있다. 재산권 보호, 환경과 사업의 지속성의 보호 등의 문제는 고려하고 있지 않다. 그러므로 특정한 경우에는 관련 규정의 요구수준 이상의 안전 수준이 적절할 수도 있다.

13.2 적절한 설계 방법의 선택을 위한 지침

설계 방법의 복잡함의 측면에서 계층 구조는 설계표 데이터 뒤에 약산법을 따르고 상세계산법을 따른다. 설계자는 첫 번째로 설계표 접근법을 다루어야 한다. 이것은 특히 콘크리트 및 합성 구조와 관련된 경우에 특히 중요하다. 요구되는 크기 또는 피복이 규정된 내화시간에 부합하지 않거나 또는 기존 건축물의 재건축이 새로운 내화 범주가 건물에 적용되는 사용 변화를 포함하는 경우, 철골 및 합성 건물과 콘크리트 건물에는 약산법이 적합하다. 계산 방법은 특정 조건에서 성능을 입증하기 위해 사용될 수 있고, 특정 상황에서 상당한 비용절감(강구조의 내화의 예)을 제공 할 수 있다. 일반적으로 비선형 유한요소모델과 같은 상세계산법은 매우 복잡한 구조이거나 관련 규정의 조항을 적용할 수 없는 부분에 적용할 수 있는데, 예를 들면 스포츠 경기장, 전시장 및 공항 터미널 등이 있다.

참고문헌

References

내화구조설계 가이드북

STRUCTURAL
FIRE ENGINEERING
DESIGN
GUIDEBOOK

1. British Standards Institution (2000) *Structural Use of Steelwork in Building - Part 1:Code of Practice for Design - Rolled and Welded Sections*. BSI, London, BS 5950-1.
2. British Standards Institution (1990) *Structural Use of Steelwork in Building - Part 3:Design in Composite Construction - Section 3.1: Code of Practice for Design of Simple and Continuous Composite Beams*. BSI, London, BS 5950-3.1.
3. British Standards Institution (1994) *Structural Use of Steelwork in Building - Part 4:Code of Practice for Design of Composite Slabs with Profiled Steel Sheeting*. BSI,London, BS 5950-4.
4. British Standards Institution (1997) *Structural Use of Concrete - Part 1: Code of Practice for Design and Construction*. BSI, London, BS 8110-1.
5. British Standards Institution (1985) *Structural Use of Concrete - Part 2: Code of Practice for Special Circumstances*. BSI, London, BS 8110-2.
6. British Standards Institution (2002) *Eurocode. Basis of Structural Design. Compilation of BS EN 1990: 2002 and the National Annex*. BSI, London.
7. Office of the Deputy Prime Minister (2002) *The Building Regulations 2000. Ammendments 2002 to Approved Document B*. ODPM, London.
8. Scottish Executive (2002) *Building Standards, Part D. Structural Fire Precautions, 2002*. Scottish Executive, Edinburgh.
9. Department of the Environment (Northern Ireland) (1994) *The Building Regulations (Northern Ireland) 1994, Technical Booklet E*. The Stationery Office, Belfast.
10. Morris, W. A., Read, R. E. H. and Cooke, G. M. E. (1988) *Guidelines for the Construction of Fire Resisting Structural Elements*. Building Research Establishment, Garston, Report BR128 BRE (revised).
11. Association for Specialist Fire Protection and the Steel Construction Institute (2002) *Fire Protection for Structural Steel in Buildings* (3rd edition) (The Yellow Book). SCI, Ascot.
12. British Standards Institution (1990) *Structural Use of Steelwork in Building - Part 8:Code of Practice for Fire Resistant Design*. BSI, London, BS 5950-8.
13. British Standards Institution (2003) *Structural Use of Steelwork in Building - Part 8:Code of Practice for Fire Resistant Design*. BSI, London, BS 5950-8.
14. Steel Construction Institute (1990) *Fire Resistant Design of Steel Structures - A Handbook to BS 5950: Part 8*. SCI, Ascot, SCI-P-080.
15. Lennon, T. (2004) *Fire Safety of Concrete Structures: Background to BS 8110 Fire Design*. BRE Bookshop, Garston, Report BR 468.

16. British Standards Institution (2002) *Eurocode 1: Actions on Structures - Part 1.2:General Actions - Actions on Structures Exposed to Fire.* BSI, London, BS EN 1991-1-2.

17. Gulvanessian, H., Calgaro, J.-A. and Holicky, M. (2002) *Designers' Guide to EN 1990 Eurocode: Basis of Structural Design.* Thomas Telford, London.

18. International Organisation for Standardization (1975) *Fire Resistance Tests - Elements of Building Construction.* ISO, Switzerland, ISO 834.

19. British Standards Institution (1987) *Fire Tests on Building Materials and Structures. Method for Determination of the Fire Resistance of Elements of Construction (General Principles).* BSI, London, BS 476-20.

20. British Standards Institution (1999) *Fire Resistance Tests - Part 1: General Requirements.* BSI, London, BS EN 1363-1.

21. British Standards Institution (2003) *Eurocode 3: Design of Steel Structures - Part 1.2:General Rules - Structural Fire Design.* BSI, London, BS EN 1993-1-2.

22. British Standards Institution (2005) *Eurocode 4: Design of Composite Steel and Concrete Structures - Part 1.2: General Rules - Structural Fire Design.* BSI, London, BS EN 1994-1-2.

23. British Standards Institution (2005) *Eurocode 2: Design of Concrete Structures - Part 1.2: General Rules - Structural Fire Design.* BSI, London, BS EN 1992-1-2.

24. British Standards Institution (2004) *Eurocode 2: Design of Concrete Structures - Part 1.1: General Rules.* BSI, London, BS EN 1992-1-1.

25. British Standards Institution (2003) *Application of Fire Safety Engineering Principles to the Design of Buildings - Part 1: Initiation and Development of Fire Within the Enclosure of Origin (Sub-system 1).* BSI, London, PD 7974-1.

26. British Standards Institution (2003) *Fire Classification of Construction Products and Building Elements - Part 2: Classification Using Data from Fire Resistant Tests, Excluding Ventilation Services.* BSI, London, BS EN 13501-2.

27. Witteveen, J. (1983) Trends in design methods for structural fire safety. In: *Three Decades of Structural Fire Safety.* Building Research Establishment, Garston, pp. 21 - 30.

28. Moore, D. B. and Lennon, T. (1997) Fire engineering design of steel structures. *Progress in Structural Engineering and Materials,* 1, No. 1, 4 - 9.

29. Both, C. andMolag,M. (1999) Safety aspects of tunnels. *Proceedings of the International Tunnel Fire and Safety Conference,* December, Rotterdam.

30. Wickström, U. (1985) Application of the standard fire curve for expressing natural fires for design purposes. In: *Fire Safety: Science and Engineering.* American Society for

Testing and Materials, Philadelphia, STP 882.

31. British Standards Institution (1996) *Eurocode 1: Basis of Design and Actions on Structures:Actions on Structures Exposed to Fire (Together with the UK National Application Document)*. BSI, London, DD ENV 1991-2-2.
32. Profil Arbed Centre de Recherches. (1999) *Competitive Steel Buildings Through Natural Fire Safety Concept. Final Report Part 3, Fire Characteristics for Use in a Natural Fire Design of Building Structures*. Profil Arbed, Luxembourg.
33. CIB W14 Workshop Report, Design Guide: Structural Fire Safety. *Fire Safety Journal*, 10, No. 1, 77 - 54.
34. Law, M. (1978) Fire safety of external building elements. *Engineering Journal of the American Institute of Steel Construction*, 2nd Quarter, 59 - 74.
35. British Standards Institution (2002) *Test Methods for Determining the Contribution to the Fire Resistance of Structural Members. Applied Protection to Steel Members*. DD ENV 13381-4: 2002. BSI, London.
36. Both, C. (1998) *The Fire Resistance of Composite Steel - oncrete Slabs*. Delft University Press.
37. Diederichs, U., Jumppanen, U.-M. and Schneider, U. (1995) High temperature properties and spalling behaviour of high-strength concrete. *High Performance Concrete: Material Properties and Design, Proceedings of the 4th International Weimar Workshop*, October, pp. 219 - 35.
38. Clayton, N. and Lennon, T. (2000) *Effect of Polypropylene Fibres on Performance in Fire of High Grade Concrete*. Building Research Establishment, Watford, 2000, publication BR 395.
39. Lennon, T., Bailey, C. and Clayton, N. (2002) The performance of high grade concrete columns in fire. *Proceedings of the 6th International Symposium on Utilization of High Strength/High Performance Concrete*, Leipzig.
40. Lawson, R. M. and Newman, G. M. (1996) *Structural Fire Design to EC3 and EC4, and Comparison with BS 5950*. Technical Report. SCI Publication 159, The Steel Construction Institute, Ascot.
41. Building Research Establishment (1986) Fire resistant steel structures: free-standing blockwork-filled columns and stanchions. *Digest 317*. BRE, Garston.
42. Bailey, C. G., Newman, G. M. and Simms, W. I. (1999) *Design of Steel Framed Buildings Without Applied Fire Protection*. SCI-P186. Steel Construction Institute, Ascot.
43. The Institution of Structural Engineers and the Concrete Society (1975) *Design and*

Detailing of Concrete Structures for Fire Resistance. ISE, London.

44. Euro-International du Béton (1991) *Fire Design of Concrete Structures*. Bulletin D'Information No. 208, July.
45. British Constructional Steelwork Association/Steel Construction Institute (1995) *Joints in Steel Construction: Moment Connections* (green book). Steel Construction Institute, Ascot, Publication P207.
46. British Constructional Steelwork Association/Steel Construction Institute (2002) *Joints in Steel Construction: Simple Connections*. Steel Construction Institute, Ascot, Publication P212.
47. British Constructional Steelwork Association/Steel Construction Institute (1998) *Joints in Steel Construction: Composite Connections*. Steel Construction Institute, Ascot, Publication P213.
48. Steel Construction Institute (1989) *Design of Composite Slabs and Beams with Steel Decking*. Steel Construction Institute, Ascot, Publication P055.
49. The Institution of Structural Engineers Fire Safety Task Group (2006) *Advanced Fire Safety Engineering of Structures*. ISE, London.

역자 소개

■ 총괄 번역자

최 성 모 서울시립대학교 건축학부 교수
민 정 기 한국건설생활환경시험연구원 방재기술센터 책임연구원

■ 장별 번역 및 검토자

염 경 수 (주)하모니구조엔지니어링 대표
김 성 배 더나은구조엔지니어링 소장
여 인 환 한국건설기술연구원 화재안전연구소 소장
옥 치 열 한국건설기술연구원 건설시험인증본부 팀장
최 인 락 호서대학교 건축토목공학부 교수
안 재 권 한국건설기술연구원 화재안전연구소 수석연구원
이 승 재 방재시험연구원 방내화연구센터 선임연구원
김 선 희 액트파트너 신공법연구소 소장

내화구조설계 가이드북 정가 15,000원

역 자 : (사)한국강구조학회
발행인 : 임해진
발행처 : 도서출판 구미서관

인쇄 : 2020년 8월 25일
발행 : 2020년 8월 30일

등록 : 1979년 6월 29일 No.9-6호
주소 : 서울시 마포구 신촌로 2길 5-15 구미빌딩
전화 : 02-333-1101
팩스 : 02-335-2201
http://www.goomibook.com

ISBN : 979-11-6257-126-2 (93540)